FOR2

FOR pleasure   FOR life

Książka o śmieciach

垃圾之書

面對人類將被廢棄物所廢棄

的

事實與行動

史坦尼斯瓦夫‧盧賓斯基（Stanisław Łubieński）　著　　鄭凱庭　譯

目次

序

二〇一八年七月二日，那是我假期的第一天。夏天漸漸暖了起來，而沙灘仍乏人問津，空空如也。一切看起來都很美好：沙，世上獨一無二、最棒的「波羅的海的沙」與平靜的海洋。等等，有些東西很礙眼；有些不合適的東西。不疾不徐掃過沙灘的相機止住動作，猛地縮了回來。鏡頭縮放。沙子上躺著一隻孤零零的襪子。一隻白色的襪子不經意地捲起，像是會在青少年房間地板上看到的那種——腳跟還是髒的。這隻襪子至少打破了兩種和諧：這個地方，以及我的內心。我覺得我無法就這樣置之不理。

在此之前，我從未對映入眼簾的垃圾感到氣憤。它們僅是我目光下有些模糊的盲點，我只用眼角餘光看它們。我不經意地走過山嵐、森林和沼澤。不是我丟棄的垃圾，我不覺得有必要幫其他人清理。然而，我現在卻覺得眼前所見的簡直就是無

恥的行為。那一瞬間，我明白了那些被神聖的憤怒所籠罩的人作何感受；他們一邊咒罵，一邊撕去公車站和電線桿上的廣告單。有人破壞了這個美麗、神聖的地方，用他噁心的髒襪子破壞了我最愛的沙灘。

或許這根本就不是突然發生的？或許這在我體內醞釀了多年？或許是家裡收集的該死塑膠袋堆積如山，令我怒火中燒？是對於「全部〇元」商店在海邊攤位販賣的廉價、垃圾般的一次性用品感到憤怒？又或是路邊、森林裡的野外垃圾堆？我們已經習慣了這些垃圾，並不覺得有何奇怪之處。

我一直到看見襪子才爆發。

那天下午，我並沒有引頸留心偶爾飛來的白嘴端鳳頭燕鷗（*Thalasseus sandvicensis*）。我緊盯著沙灘走著。我沒有任何袋子，所以把接下來找到的東西都裝進襪子裡。第一樣物品是交纏的釣魚線。那時我還對這網狀交織物一無所知，不知道它們在世界各地漂流，捕捉任何落入網中的東西。接著是幾枚被埋住的氣球，只有一段蒼白的絲帶露出來。我沒想過因為氣球跟烏賊相似，所以許多海鳥會吃氣球；我沒有意識到它們能輕易飛越幾千公里。接連的幾個星期中，我找到了幾十枚氣球。

還有一些被玩具槍射破的無辜塑膠球、糖果包裝紙、洋芋

片盒、一些薄膜，說白了就是食品包裝，常見的海灘垃圾。還有一根塑膠叉子，隱約道出了一次性物品的問題，那些我們只使用一分鐘，甚至僅僅幾秒鐘的眾多物品的問題。我還找到了沙灘圍籬的碎片、麻根塞*、更多魚線和一絲建築用袋子——這種袋子會散落成幾千條線——的線。這是我第一次細細觀察沙灘的每方每寸，我才知道除了無窮無盡的沙粒以外，這裡同樣也有著無以計數的廢棄物碎片和粒子。我知道我自發地清理並沒有意義，垃圾無所不在，但我已經無法停止了。

　　我從沙裡挖出商店裡用來拿麵包的塑膠手套——肯定只用過一次。我在紙巾的包裝上讀到：「衛生」。「有效清潔」——這是洗面乳包裝上的文字。還有一包 Moist Towelettes 溼紙巾，遠從佛羅里達來到這裡。這位沙灘客不喜歡手髒。令我印象深刻的是，這些物品多數都表示：「我們想要潔淨，我們不要骯髒、細菌。」彷彿我們想用抗菌屏障將自己與周遭環境區隔開來。但是垃圾卻留下了。我們想要衛生、潔淨，反正總會有人清理垃圾，又或者海洋會帶走它們。

---

* 俗稱壁虎，裝潢用的零件，放入牆面以安放螺絲（全書下方隨頁註解，皆為譯者註）。

襪子裡有二十八件物品。它們每個都講述著各自的故事。

這十幾分鐘裡，我的眼界大開，我知道自己正落入一個新的議題宇宙。意識到清理並不夠，我覺得有點無力。因為難忍自己的無助，我很想做些什麼。我想在自己能力所及的範圍內做些什麼。我覺得我應該寫下來。我在網路雜誌《雙週誌》（*Dwutygodnik*）的每月垃圾系列專欄上，以「襪子和來自保加利亞免稅店的塑膠袋」開始了尋獲物品的相關文章。那時，我已經開始認真收集垃圾，並保留了其中一些有趣的物品。除了淨灘，我也清過蘇台德山（Sudetes）、羅茲托切山（Roztocze）、蘇瓦烏基山（Suwalszczyzny）。後來我也清理各種地方、各種場合。

在一次賞鳥出遊中，我們欣賞澤鵟（*Circus aeruginosus*）的同時，也與深深壓入泥巴路面的捆扎繩奮戰。在住著鵲鴨（*Bucephala clangula*）的池塘邊散步時，我帶回了一片車牌。我在蜜彊卡（Miedzianka）找到了一只舊碗、一些瓶子和腐爛的三明治，不過我沒有帶走三明治。那肯定是獵人看照野生動物時所留下的偉大痕跡。除了三明治以外，散步途中我們還幸運地看到了交嘴雀（*Loxia*）與歐洲蜂鷹（*Pernis apivorus*）。

隨著時間的推移，我發現垃圾有點像鳥類，它們都有自己

喜歡的棲息地；林地裡的垃圾往往不同於河邊、海灘或草原上的。我也不傻，我知道它們並不是自己出現在那裡的。

後來也出現了異國的、令人意外的垃圾，我發現海洋會根據只有自己知道的演算法來選擇：俄羅斯的垃圾、瑞典的垃圾，有時是有毒的垃圾——比如一大桶石油溶劑。我讀過被沙淹沒的文字：「刺激皮膚、呼吸道和眼睛」、「可能對水文環境造成長期不利的影響」，還有使用時應穿戴防護衣。一桶這樣的毒藥怎麼可能會出現在海中？

那襪子又要怎麼說呢？我發現它們常出現在海灘上。人們就是把襪子弄丟了。時不時就有東西出現在海灘上，我每天都能找到更多物品。我在使用時從未想過那些熟悉、親近的物品，接下來的命運會如何。例如，一次性的塑膠棉花棒。棉頭不知道消失去哪了，剩下透明的藍色管子在岸邊滾動。在我把這管子丟進垃圾桶後，它接下來會怎麼樣？我怎麼會知道。我希望有人能用它來做些有意義的事。

我想這或許值得探究。探究自己；探究自己的垃圾；探究我會購買和丟棄的物品。除了垃圾，我也開始收集路上令我感興趣的物品：不明材質的時髦茶袋、在一堆燒毀的電纜中找到的貓頭鷹陶器、有透明窗口的麵條包裝和西亞特 Ibiza（SEAT

Ibiza）的通風設備、義大利某商店的可生物降解塑膠袋，和一捲從海灘撿來的繩子。然而，我沒有帶走任何一個在華沙郊區發現的上百個木椿葬禮花圈。

我養成了翻找庭院垃圾桶的習慣，耐心地將髒兮兮的聚苯乙烯托盤，甚至是沾滿鼻涕的紙巾分到綠色的一般垃圾桶裡。我開始測量、細數自己的垃圾，當時我不太知道這會把我領向何處。我會查看包裝；我想知道它們的成分，以及之後可能的命運。我開始閱讀與回收、消費主義有關的資料；開始花時間在相關產業的文獻上。我和專家聯繫。他們告訴了我燧石斧的事，以及大多數的條紋糞金龜（*Anoplotrupes stercorosus*）死在哪種瓶子裡；讓我看光學分揀機如何在垃圾分類場運作、用顯微鏡觀察聚合物。我覺得自己第一次看見月亮黑暗的另一面，那個在我認知範圍以外的平行世界。這必須以一本書來完結。

我們的無知、粗心大意和不思進取使代價與日俱增。如同除臭劑消除自然的體味、下水道系統捲走我們的排泄物一般，廢棄物也隨著特別的服務消失了。我們對於我們的垃圾從未多想，將之從意識中排開。我們所做的事不是只要事後清理就行的普通不整潔。改變並不會由堅定的個人、滿腔熱血的利他主義者在晨跑時收集三個瓶子而達成。就算每天都是「地球日」

也沒有幫助。垃圾正席捲我們的世界，登陸原始海灘和地球上最偏遠的角落。只能從意識與習慣上進行深度的改變，最終則是放手立法，讓那些每天將大量垃圾倒在我們身上的人嘗到後果。在我們懶散、遲鈍、耽溺於舒適的文明之下，有很多事得做。我們不能再拖下去了。現在就得行動。

2018年7月4日

約莫16：00, 54°49′55, 4″N, 18°08′25, 4″E

　　有垃圾的地方總是能找到塑膠袋：只要看看周圍就夠了。但是這個塑膠袋很特別，不是普通、常見的那種，而是非常體面的黃色，帶著異國的文字——Duty Free Store Varna & Burgas（瓦爾納＆布爾加斯免稅店）。垃圾們都有漫長而有趣

的人生，它們大多都會旅行。我不禁幻想起，我的布爾加斯號在黑海—波羅的海的航線上有過多少冒險。登陸時裝在裡頭的又是什麼東西？它的主人在保加利亞黑海岸玩得開心嗎？

　　很遺憾，我不得不拋開布爾加斯號航行環歐的幻想。這種厚聚乙烯袋子會下沉，有時它們是很驚人的。二〇一九年的五月初，維克多‧韋斯科沃（Victor Vescov）搭乘深海潛水艇至馬里亞納海溝深度約十一公里處，在底部發現了像是塑膠袋的

東西[1]。

　　二○一八年七月三日。假期的第二天,撿垃圾的第三天。想像力不斷在我腦中呈現出克日什托夫·斯羅達(Krzysztof Środa)的〈我無法帶走全部〉[2](*Nie mogłem zabrać wszystkich*),布滿各色夾腳拖鞋的異國海灘畫面。波蘭的塑膠之亂正好達到高峰,各地都傳來垃圾掩埋廠火災的消息。人們向塑膠宣戰,顯然相信個人或是與一群朋友能夠一起改變世界。斯羅達的文章沒有言及暴亂,僅述說了無助。他深刻的文字很溫柔、帶著植物般的憂鬱與平靜,堅定不移。我稍微平靜了下來,決心不向恐慌屈服。但是海灘上每天都出現新的垃圾,我該怎麼辦呢?畢竟我不能就讓它們躺在那裡。

　　布爾加斯號成了我收集物品的基本配備。我多次把它裝滿,最後它被塑膠吸管刺破,裂開了。它裂開了,卻沒有消失──這是最可怕,同時也是最珍貴的特性──無法摧毀。聚乙烯製的袋子肯定比我們要長壽。在某種程度上,它很完美:重量輕又耐用。三十年前布爾加斯號還能是個寶物;可能有人會清洗、整平並滿意地撫著它,又或是提著去生日派對。今日的它卻毫無價值。塑膠袋通常是使用一次即丟的物品。根據估計,我們大約只會使用十幾分鐘。根據聯合國引用的數據,

每年聚乙烯袋的消費量達一至五億[3]。聚乙烯的問題是大規模生產，連帶而來的便也是大規模的汙染。

塑膠袋喚醒了各界的不安，甚至連蓋達組織的青年黨（Al-Shabaab）都禁止使用。塑膠袋在許多國家不是被禁止，就是要收費（此費用在波蘭叫做回收費）。我也盡量不使用塑膠袋，但只要我一有閃失，便會有新的成員加入收藏。從寵物店、糕餅店來的，還有從菜販來的。我覺得把它們丟掉很笨，所以把它們全都裝進一個袋子裡。目前在我廚房的各個櫥櫃裡，總共有五十個塑膠袋。

塑膠袋於一九五〇年代發明，但是在隨後十年才大展鴻圖。當時瑞典公司Celloplast獲得了美國市場的專利。一九八〇年代，大型美國超市開始改用塑膠袋。塑膠袋取代了先前使用的紙袋與可重複使用的袋子。四十年後，在顧客環保意識抬頭的時代，所有連鎖商店都開始淘汰使用塑膠袋。英國的蔬果攤和威廉莫里森超市（Morrissons）改為提供紙袋[4]。因為碳足跡較小，特易購（Tesco）仍與塑膠為伍[5]。討論紙還是塑膠比較好，是沒有實質意義的。霍亂的藥不能拿來治瘟疫。最好的袋子就是沒有袋子。

一、十九枚彈藥

一七七號省道上的噪音正逐漸消散。單線道上雖然空蕩，但在夏末寂靜的松林間，每臺疾呼而過的車都讓人久久感覺它的存在。赭紅的樹幹排得像尺一樣直。等大的四邊形苗圃，在林場上一字排開。沒有任何灌木叢，沒有空地，也沒有歪曲的鵝耳櫪（*Carpinus betulus*）。這裡最容易遇見的動物是人——

追逐著蕈類的智人。但我今天不會遇到那些來採菇的人，明天也不會，因為這裡已經好幾個月沒下雨了。腳下的樹枝窸窸作響，埋沒在苔蘚下的舊雨傘及生鏽車牌在無聲吶喊。太陽慢慢落下的那個方向林木稀疏，在樹木的空隙間我能看見天空，感受空氣和空間。

　　二十公尺長的斜坡、一個被蘆葦環繞的大池塘，還有幾個被堤防切割而成的小池塘。水稍稍亂了樹林單一的景致。我隨著動物留下的小徑向下走，深入赤楊樹林（*Alder carr*）。從泥沼上的尖蹄印來看，有鹿群來這裡喝水。鵲鴨在水中一臉狐疑地看著我，金色的眼珠子動也不動，杵在那等待我的下個動作。赤楊樹幹沉重的影子映在水面上。我站在草木繁盛的小徑上，彎腰撿起草叢中紅紅的東西。橢圓管狀，看起來像是底部含錫的低密度聚乙烯（LDPE）；還很新，尚未腐爛。獵鴨子用的霰彈，殼長七公分、彈丸大小三毫米，載重三十二公克。製造商：皮翁基狩獵彈藥廠（Fabryka Amunicji Myśliwskiej Pionki）。鵲鴨在此時飛走了。

＊

　　九月中開始是狩獵鳥類的季節，但專家說這時開始還太早，因為還能遇上帶著幼鳥的雌鳥。波蘭獵鳥的物種可分為四個科，雖然鵲鴨不在名單上，但牠的緊張是有道理的。打獵不只造成死傷，也會為動物帶來壓力、強制遷徙和中斷覓食，從而使免疫力下降並影響繁殖能力[6]。當全波蘭的池塘和湖泊砲聲四起時，可以獵殺的雁鴨科物種有在公園常見、平易近人的綠頭鴨、生性害羞的小水鴨（*Anas crecca*）、頭頂後方有花俏流蘇的鳳頭潛鴨（*Aythya fuligula*）和銀灰色的紅頭潛鴨（*Aythya ferina*）。

　　為了避免爭議，我們先把話說在前頭：獵鴨子不需要任何理由，這是一種運動；是靈巧的展現；只是射擊會移動的標靶而已。但鴨子做了什麼事必須被判死呢？池塘的主人常抱怨鴨子吃了魚飼料。牠們當然吃了。根據一九八〇年代的調查指出，百分之二到百分之七點五的魚飼料是被鴨子吃掉的。這根本不算多。科學家證實，有多種鳥類在池塘棲息是有好處的，而這些好處都遠大於他們帶來的壞處。鴨子、白冠雞（*Fulica atra*）、鸊鷉（*Podicipedidae*）甚至鷺類可以防止水面藻類過度生長，牠們還會吃以魚卵及魚苗為食的捕食性昆蟲。除此之外，禽鳥還能清除浮出水面的病魚及死魚[7]。既然如此，我們為

什麼要殺鴨子？傳統使然。

　　傳統就如同祖國，無法反抗卻又不容討論，觸碰這個話題必會掀起爭端。我們的祖輩這樣做，祖輩是不容輕瀆的，跟著先人的腳步怎麼會錯呢？但那又怎樣？時代已經大不相同了。

　　大部分的獵人對鳥類知識不足已是公開的祕密。在沒有望遠鏡又缺乏知識的情況下，分辨飛行中的鴨子更是個難題。但誰願意下功夫、花時間去研究呢？若想在鳥兒遠去前刺穿牠的

皮膚，僅有幾秒的時間射擊。在狩獵論壇甚至是波蘭狩獵協會（Polski Związek Łowiecki）的官方報告中，都寫到了關於捕獵「野鴨」的文章，而這些文章裡通常沒有闡明鴨子的種類。「野鴨」可以是任何一種鴨子；「野鴨」這個說法忽略了某些鴨子是稀有種和瀕危種的事實；「野鴨」對物種保育規章來說是莫大的諷刺。

　　如果考試不考[8]，獵人怎麼會主動了解那些極其稀少的保育種雌性動物長什麼樣子？考試難道不該考生物百科嗎？我在波蘭狩獵協會的網站上做了測驗，在一百個問題裡，大多數的題目和武器使用規定、狩獵習俗、狩獵術語、犬類學和組織結構有關。其中一題與鴨子有關，但卻跟辨認物種沒有關係。那題是關於獵鳥，然而對其他鳥類隻字未提，就好像牠們都不重要，好像彈丸不會被用在牠們身上一樣。沒有人會在獵場上檢查分辨鳥類的知識是否充足，或許因為這樣，每年除了獵鳥以外，保育類也一併被殺了，而這也發生在那些稀有種和瀕危種身上。不是所有人都想吃那些獵來的鴨子，也不是所有人吃了含鉛的肉醬都會開心，但獵人有義務找到中彈的獵物，並在必要時了結牠們的生命，帶走牠們，可是仍有許多屍體和中彈後無法繼續飛翔的鳥兒被遺留在水面上或蘆葦叢中。

　　二〇一九年，國際自然保護聯盟（International Union for Conservation of Nature, IUCN）——由一百六十個國家的政府和非政府生態組織所組成——波蘭國家委員會呼籲波蘭當局，將三種鴨子和白冠雞從獵鳥名單上剔除。根據詳細分析結果，這些禽鳥在波蘭的數量正面臨嚴重威脅：有些已經瀕危，有些甚至不只在波蘭瀕危。紅頭潛鴨就是在全球都瀕臨滅絕的鳥類之一。在波蘭出現滅絕危機的禽鳥有四種——極其少見的花雕（*Clanga clanga*）、閃躲速度驚人的歐斑鳩（*Streptopelia turtur*）、全球鳥學家到訪別布札河（Biebrza）只爲了一睹其風采的水棲葦鶯（*Acrocephalus paludicola*），以及紅頭潛鴨。但只有紅頭潛鴨沒有受到同樣的保護。過去三十年間，野生鳳頭潛鴨的數量少了百分之七十五。獵捕小水鴨會對和牠外型相似、且是稀有保育種的白眉鴨（*Spatula querquedula*）數量造成威脅。隸屬雉雞科的白冠雞，在波蘭的數量自一九八〇年代起少了百分之九十。

　　如果環境部（Ministerstwo Środowiska）、首席自然保護官（Główny Konserwator Przyrody）和波蘭狩獵協會同意專家們的請求，在獵鴨的名單上就只會有綠頭鴨了，只可惜並沒有。在氣候變遷的今日，繁殖季節延長是一種普遍且漸進的現象，

國際自然保護聯盟也強調，有必要更改狩獵季節的時間，這樣一來，狩獵季開始時，便不會出現成鳥帶著未展翼的雛鳥的狀況。他們也建議在天黑後停止狩獵，因為即便是經驗豐富的鳥類學家也無法在黑暗中分辨保育種和獵鳥。除此之外，他們也呼籲準確記錄被殺死的鳥類，從而結束「野鴨」和「野鵝」這種不精確的概念，並且禁止使用有毒的獵用鉛彈[9]。

　　或許國際自然保護協會也該呼籲獵人自己清理垃圾？獵人總是津津樂道，打獵是與大自然親近最好的方法。他們怎麼可能會無視被遺留在一七七號省道旁，池塘裡那些紅紅綠綠的塑膠垃圾？

＊

　　奧斯維辛（Oświęcim）附近的札托池塘群（Stawy Zatorskie）是著名的養殖漁場，也是波蘭南部最珍貴的鳥類棲息地之一，這附近的區域因此被規劃為保護區。這裡就是歐盟Natura2000的自然保護區畫地——下斯卡瓦河谷（Dolina Dolnej Skawy）。在這廣闊的蘆葦原上孕育著稀有鴨種，在枝繁葉茂的小島上有波蘭國內最大的夜鷺（*Nycticorax nycticorax*）繁殖地。但是這

身爲鳥類天堂的札托池塘群，同時也是九十九號狩獵特區。近年來，每年有將近兩千隻「野鴨」和白冠雞在此消失[10]。放眼看去，這塊歐盟Natura2000保護區事實上被二十九號、一〇〇號、一一七號、一二三號和一二四號狩獵特區給劃分了，還包含了小部分的七十八號、八〇號和一一六號狩獵區。每年有一千八百隻白冠雞和「野鴨」死在這裡。大多數的槍響落在札托池塘上空，那些因槍砲聲飽受驚嚇的鴨子，有機會亡命於在附近狩獵的獵人的槍管之下。

　　二〇〇八年到二〇一四年之間，有人對札托池塘區鳥類死亡的原因進行了研究。在蘆葦叢中、水面上和堤防上找到了兩百六十隻中彈而亡的鳥類[11]。牠們之中很多不是在列的獵鳥種類，約有百分之四十是應嚴格受到保護的品種；牠們不是鴨，不是白冠雞，也不是鵝。死去的鳥類之中，最多的是紅嘴鷗（*Chroicocephalus ridibundus*）。白尾海鵰（*Haliaeetus albicilla*）死了，夜鷺死了，天鵝也死了；相對普遍的鳥類死了，極其稀少的也死了。死去的鳥兒裡有高達十八種保育種。雖然整年都有鳥被殺掉，但在狩獵季卻有最多的受害者。開槍的是素質不佳的獵人還是盜獵者？是爲了什麼開槍？扣動板機的手指是因興奮而顫抖著，還是平靜而篤定的？是爲了高昂的腎上腺素而

射擊，還是爲了落在肩上的經濟責任？又或是說服自己，那些不爲人類統治帶來益處的都應該被消滅？

　　波蘭和其他歐洲國家漸漸開始出現反狩獵的聲浪。二〇一八年札托池塘群的秋季狩獵是鳥類學家第一次在場監視獵人。他們用照片記錄下受保育的白眉鴨被擊落的瞬間，但鳥類學家不被允許進入狩獵區域，所以在警車抵達前，獵人早已把鳥的屍體處理掉，不過，記錄一切罪行的記憶卡受到了警方的保護。直到狩獵季結束，鳥類學家親眼目睹了十八隻不在獵鳥名單上的鳥類被擊殺。

　　因爲狩獵常發生在旁觀者所在的封閉漁場上空，要抓到嫌犯並不容易。有證人坦言，某些地方的獵人見到黑影就開槍，射擊任何會飛的東西，而社交媒體替這個問題提供了零星的證據。二〇一八年社交媒體上流傳著一張照片，照片中露出燦笑的兩名女子與獵物鴨子合照。從照片上可以判斷這場狩獵發生在波蘭西部，因爲她們抓著的其中一隻，是死去的保育種白眉鴨。然而僅就照片無法判定是誰殺了白眉鴨，這椿案件也就此結案。因爲無法藉由彈丸來追溯特定的發射武器，所以參與集體狩獵的人便能輕易逃過責罰。

　　二〇一九年九月，一名來自西波美拉尼亞省（Województwo

Zchodniopomorskie）的獵人在社交平臺上發了一張和翅膀鴨
（*Mareca strepera*）屍體的合照，一直到他的朋友發現事實，他
才把照片刪除。顯而易見地，就算把保育種擺在面前，他也辨
認不出來。自從那些不光彩的照片和影音（例如：虐待垂死的
鹿）被公開在網路上後，波蘭狩獵協會呼籲成員不要在網路上
公開那些和打獵有關的東西。獵人們便更常在封閉社團內與信
任的人之間炫耀自己的成就。

*

　　暮夏與秋天時池塘間的堤防上砲聲不斷。許多獵人不善
後垃圾，他們視自己爲與衆不同的秩序守護者。傳統的守護
者──身懷這種使命的人不需要爲垃圾折腰。每走幾步路就
有紅色、綠色的東西躺在地上。義大利Cheddite彈藥，三十四
公克，彈丸三點五毫米大。金屬外殼已經有些生鏽，大概從去
年就躺在這裡了。是誰開的槍？來自許久以前被奪走的邊界地
帶W地區的門望？或許是批發商D先生？還是打獵發起人S女
士的某位外籍客人？又或是送給兒子空氣槍當作生日禮物，讓
年輕人學習男子氣概的T公司老闆？這位獵人是清晨時潛入這

裡，又或是晚上，在幾乎看不見鳥兒猛然振翅時射擊？

　　有一件事是肯定的：手指扣上板機，擊針撞擊底火、點燃火藥，而火藥氣體將至少一百三十多枚小彈丸射出槍管。Cheddite霰彈正能容納這麼多彈丸。在三十五公尺處，彈丸可涵蓋約直徑二點五公尺的範圍。三十五公尺是規定允許射擊的最遠距離，但腎上腺素在血管中運作時，在獵場上誰又會如此堅持呢？五十公尺處的散射範圍達四公尺，若是獵人射向從水上飛起的鴨子，可能至少會擊中好幾隻。也許一、兩隻會落入水中，其餘的則帶著身上的鉛塊飛走。幾十個小圓球會沉入水中，或是掉在岸邊或堤防上。獵殺一隻鴨子，獵人平均需要六到十枚彈藥[12]。

　　彈丸最常留在胸部和翅膀上。一粒微小的彈丸即是處決。鳥兒因為無法逃離掠食者或是慢慢因鉛中毒而死亡。然而不一定得要中彈才會中毒。水鳥會吞下留在岸邊和積水處底部的彈丸──誤認為是小石子，也就是胃石，在牠們胃裡用以碾碎食物的石子。在歐陸南邊，尖尾鴨（*Anas acuta*）最常吞食彈丸──數量超過研究調查中鳥類的一半。尖尾鴨屬於鑽水鴨，也就是說當他們覓食時，只將一半的身體浸入水中。然而食入鉛的問題對潛水鴨的影響更大，因為牠們會在較深的地方覓食。

北歐的研究指出，平均來說，內臟含鉛量最多的是鵲鴨和鳳頭潛鴨——各占了研究調查的百分之十幾。鳳頭潛鴨還創下最高紀錄——在西班牙某處有百分之八十的鳳頭潛鴨攜有彈丸，而在芬蘭則是百分之五十八[13]。

　　有些物種則是意外鉛中毒的——掠食、食屍的鳥類會食入獵物體內或是腐肉中的彈丸。十九世紀末就已經有了與此相關的第一篇文獻，而根據最新的研究指出，彈丸存在一百三十種鳥類的肚子裡[14]。腐肉中的鉛彈是導致極危物種——加州神鷲（Gymnogyps californianus）——死亡的主因。今日加州神鷲的數量，包含野生和人工繁殖的數量約為五百隻。二〇〇八年，加州神鷲出現的地區已禁止鉛彈狩獵[15]。

＊

　　獵人常說，獵鴨子是他們獲取「無化學添加物」健康肉品的管道，他們以用這種肉品餵養家庭為傲，而札托池塘被射殺的綠頭鴨和白冠雞體內的鉛與鎘濃度研究，則帶來了有趣的資訊。在三分之一的受測鳥體血液中，鉛與鎘含量超出了歐盟的人類攝取標準[16]。鳥類因長時間接觸彈丸而中毒。很難知道受測

的有多少是生活在池塘的鳥類，牠們也有可能在其他地方攝入鉛，而在秋季時遷徙至此。研究讓人們意識到水鳥重金屬中毒的狀況有多普遍。據估計，在札托池塘的彈丸密度約為每平方公尺三顆；與極度密集的地方相比，比如說西班牙，這並不算什麼。在埃布羅三角洲（Ebro Delta）某處，彈丸密度幾乎是每平方公尺兩百七十顆；在那過多的綠頭鴨鉛中毒的死亡率高達百分之三十七[17]。

＊

不只鉛是個問題，狩獵鳥類這個想法本身也是個問題。二〇一九年，在波蘭境內登記合法獵捕的數量是十八萬三千隻[18]；然而這份數據並不包含數十萬隻受傷而掉進蘆葦叢中、未被獵人帶走的鳥。無法計算那些因壓力死去、被驅出藏身處，成為掠食者的獵物、或是成了孤兒，無法自力更生的幼鳥。波蘭狩獵協會保證狩獵只觸及一小部分的鳥類[19]。一份聲明中宣稱獵人會留意獵鳥物種，牠們的數量每年都會恢復。

協會的保證是以什麼為依據，實在很難說。獵人沒有進行任何清點，沒有對當地鴨、鵝的數量進行任何評估，在狩獵

計畫中也沒有按物種分類。白冠雞和山鷸（*Scolopax rusticola*）
當然沒有被計入。由於最近的繁殖地位在極區凍原帶人煙稀少
的涅涅茨自治區（Nenets Autonomous Okrug），波蘭狩獵協會
無從證實可獵的白額雁（*Anser albifrons*）數量恢復與否。狩獵
計畫應由雙眼所見制定，而非紙上談兵。聲明中所描繪的和諧
牧歌與現實根本無法相提並論。

　　打獵對環境的影響多年來都被低估了。環境改造、棲地破
壞、農業化學化等生態問題似乎更令人擔憂。幾年前國際鳥盟
（Bird Life International）發表了一份令人震驚的報告，內容指
出盜獵者每年在歐洲、中東和北非地區殺死的鳥類多達三千八
百萬隻[20]。事實證明，這只是冰山一角。二〇一八年，反屠鳥聯
盟（Committee Against Bird Slaughter, CABS）對合法狩獵的數
據進行研究：發現每年在法律秩序下，僅在歐盟國家（以及挪
威和瑞士）就有近五千三百萬隻鳥遭殺害[21]。

　　合法狩獵沒有廣泛被大眾注意到，也沒有人敢質疑其合法
性。在歐盟國家可以補獵的鳥類共有八十二個物種。各國在這
方面的規定有所不同：在波蘭有十三個物種可獵，法國則多達
六十七種。狩獵對鳥類數量具破壞性影響的明顯例子？每年有
一百五十萬隻歐斑鳩被殺害，根據國際自然保護聯盟，歐斑鳩

屬於瀕危物種。過去三十年間，全球的歐斑鳩數量已經減少了八成。

　　無法容忍的問題是，某些成員國慣性違反《鳥類指令》（*Birds Directive*）第七條第一款規定：「狩獵不得在物種的分布區對保護物種所做的努力造成損害[22]。」這條規定在國際層面上被違反：大杓鷸（*Numenius arquata*）在波蘭受到歐盟資金保護，卻可在法國境內捕獵。二〇一三至二〇一四年冬季，在法國沿岸被獵殺的大杓鷸就有七千隻；這還是官方的數據，數量當然有可能更多。

　　波蘭的大杓鷸數量不斷減少，據估計約有兩百五十對。我們的鳥也會在法國死去。二〇一九年八月底，一隻帶有GPS、腳環編號J64的年幼大杓鷸在索姆河畔聖瓦萊里（Saint-Valery-sur-Somme）地區中止了訊號。這個地區有完善的狩獵設施——瞭望臺和圍墾出的圩田，用以引誘在海邊覓食的鳥類。毫無疑問地，大杓鷸被射殺了；與幾年前那些追蹤器毫無反應的鳥兒有著相同的命運。由於只有一小部分的波蘭大杓鷸以所費不貲的方式監測著，我們無法得知，每年究竟有多少裝了塑膠腳環的大杓鷸在法國身亡。

　　我懷疑法國的獵人是否有概念，養一隻波蘭的大杓鷸得花

上多少心力。每年早春之時，鳥類學家會找出鳥巢，並用電圍籬圍起來；同時也與農民交涉，請他們不要太早修剪草地。當鳥下蛋時，鳥類學家會將蛋收集起來並放進孵化器中。他們將塗上橄欖綠、帶斑點的木製仿品置於眞的鳥巢中。若假的鳥蛋被掠食者破壞，成鳥就會離巢，雛鳥則在鳥舍中以人工飼養長大，等到能飛行時才將牠們野放。那隻在法國被殺害的J64大杓鷸就是在鳥舍長大的。二〇一九年七月，牠在上別布札河谷（Upper Biebrza valley）離母巢不遠處被野放。若假鳥蛋完好無損，就在眞蛋孵化之際換回來，這樣雛鳥來到這個世界時就已經在野外了。接著會有六週的時間得祈求好運，希望還未展翼的幼鳥不會被狐狸吃掉。如果小鳥活了下來，牠們就會在法國海岸渡過第一個冬天，剩下的就是禱告牠們別在法國海岸成爲獵人的囊中物。

*

我盯著自己的腳下，所以沒有看向前方，不時會撞上在小徑上展開的大蜘蛛網。大概已經好幾天沒有人經過這裡了。蒼鷺（*Ardea cinerea*）的羽毛散亂在岸邊，是翅膀的碎片。肯定

是狐狸帶走了牠，不過，奪走牠生命的又是誰呢？在池塘間的堤防上躺著十幾枚彈殼。它們十分引人注目，因為這裡沒有其他垃圾。皮翁基狩獵彈藥廠二十八、三十、三十二、三十四公克。蘆葦叢中、樹幹上或是水底的彈丸得花三百年才能分解。歐盟國家的獵人們每年在田野、森林和水中留下多達五萬噸的鉛。狩獵用彈藥在美國及歐洲都被視為最重要、且不受控的環境毒素[23][24]。

　　一片寂靜之中，池塘裡傳來小鸊鷉（*Tachybaptus ruficollis*）瘋狂的咯咯聲。誰知道呢！也許牠的皮膚下卡著彈丸？耐心、無情而致命。鉛中毒的歷史淵遠，古時候便存在。西元前兩世紀，希臘詩人及醫生尼坎德（Nicander）[25]描述了鉛白的影響：喉嚨乾燥、舌頭不受控、發冷、腹絞痛（當時還不清楚的鉛中毒症狀都稱為Saturnism）。凱撒的建築師、軍事器械創造者維特魯威（Vitruvius）曾發出警告，水道上的鉛管可能對健康有害。

　　一九八〇年代甚至出現了相當大膽的理論，認為普遍的鉛中毒導致羅馬帝國的殞落[26]；當時用來使酸葡萄酒變甜的甜味劑在鉛製容器中製成，鉛也是化妝品和藥品的成分。傑羅姆・恩利亞古（Jerome Nriagu）教授認為，羅馬的精英特別容易受

到鉛的影響。鉛在幾個世紀以來都影響著生育能力與智力，而且也很可能是造成各種怪癖的原因。我們都讀過傳說中的變態及病態殘忍行為；卡里古拉（Caligula）和赫利奧加巴盧斯（Heliogabalus）是鉛的受害者嗎？羅馬在被一幫野蠻人征服之前就已經腦袋不清楚了嗎？恩利亞古教授的理論如今被看作奇文，但是鉛中毒在古羅馬時期肯定很猖獗，而事實上，鉛中毒是會遺傳的。在父母以獵鳥為食的家庭裡，新生兒血液中的鉛含量也較高[27]。

*

在世界衛生組織的網站上可以讀到，鉛除了會影響中樞神經系統，也會損害肝臟和腎臟。鉛會累積在骨骼與牙齒中，並在懷孕期間釋放到血液中，從而影響胚胎健康。這對兒童來說相當危險，因為年幼器官吸收的能力是成人的四到五倍。兒童鉛中毒會阻礙大腦發育，對社交行為產生影響；而這些影響通常不可逆。吸入冶煉產生的氣體和鉛回收不當是許多國家發生鉛中毒的主要原因。鉛能經由餐具、流經鉛管的水，與被汙染的土壤和塵埃一起從消化系統進入人體中。世界衛生組織認為

鉛是十大危險物質之一。無論在血液中的鉛含量多寡，都是不安全的。二○一六年鉛元素導致五十萬人死亡[28]。

＊

　　太陽躲在樹木身後。白鷺鷥在一片寧靜中不疾不徐地飛過，在漸漸變暗的樹林中，像個幽靈一般。鴨子把嘴喙藏在翅膀下，進入淺眠狀態。幾個世紀過去了，鉛還在。Pb，元素週期表上序數八十二號。我高中畢業後的幾十年間出現了一些奇特的新元素，諸如鎶（Cn）、鏌（Mc）、石田（Ts）等。含鉛汽油、含鉛白的油漆都已從波蘭消失，但是就算有同樣有效、無毒、便宜如鋼彈丸的替代品[29]，鉛彈丸與狩獵傳統一樣，都留存了下來。我在這杳無人煙的小池塘群找到了十九枚彈殼，搭載著不同直徑的彈丸、重量各異。十九——看起來好像不多，但卻搭載了大約三千五百顆鉛丸。鉛彈狩獵若不是一種對棄神經毒素於大自然中的認可，那什麼才是？莫名奇妙。說真的，這就是一種挑釁。

2018年8月31日
約莫14：00, 54°49′57, 2″N, 18°08′49, 8″E

　　我對印有西里爾字母的垃圾毫無抵抗力，因此，當我看到沙子上一條黑色管子寫著 Penilux —— Интимная гель смазка 和代表陰莖的圖示時，我感到很高興。一條「保證親密時刻的舒適體驗」凝膠；典型的多層包裝，無法進行回收。這不是大海為我而挑的垃圾；並不是海流把 Penilux 從庫爾斯沙嘴（Curonian Spit）或波的尼亞灣（Gulf of Bothnia）帶來此地的。管子躺在沙丘下，有人在這片與附近村莊有些距離的僻靜之地積極地享受假期。我在網路上讀到，Penilux 能在一個月內讓陰莖增長五公分，還能增強性事的體驗。這都歸功於由猴板栗（*Aesculus*）、日本木瓜（*Chaenomeles japonica*）、人蔘萃取物和某種亞馬遜矮灌木——巴西榥榥木（*Ptychopetalum*）萃取的有益成分。

　　我想，若它真的有效的話，價格肯定會超過限量的拉斯普丁（Rasputin）乳霜。最後我還是被三十四歲的阿列克謝給說服了：「我一得知可以增大陰莖，就立刻訂了凝膠！我用了一個月，這期間有時我還忘記使用，結果——增長了二點五公

分，而且勃起時很硬。」我決定要來看看這革命性的產品是在哪生產的，但是管子上的地址卻多達三個。Penilux 的製造商是一間位於莫斯科近郊阿普雷列夫卡（Aprielewka）的公司，用 Google 街景服務可以看到總部藏在一扇高門後。這項產品是在一幢典型的郊區住宅，單調黯淡、黃紅色的十六層公寓裡開發出來的。很難想像研究室就位於門牌六號的公寓內。但是誰知道呢！或許鋼就是這樣煉成的？若是有需要，對 Penilux 的產品意見也可以寄到位在莫斯科市中心的公寓樓。

　　緊挨在親密凝膠旁的是它令人害臊的對比，一條蒼白如太監的 Бархатные Ручки「絲滑護手霜」含有橄欖油和核桃油。這些戶外活動愛好者真的很懂照顧自己。我在假期之中找到了許多俄羅斯的垃圾。我讀了包裝上的地址，遠得令我暈頭轉向。今日的垃圾沒有國界，這也沒什麼好奇怪的。無窮無盡且快速流動；乘著海流，乘著風，搭著飛機、卡車、貨車和船。

　　在炎熱的夏天裡，垃圾如細菌般快速繁殖，尤其在海邊。在糟糕的海濱城市，在臨時帳篷下的攤子上擺著一堆一次性廢物。磁鐵、印有名字的筆、絨毛海豹、LED 燈氣球、各種泳圈——紅鶴、香蕉、海豚。沙灘上沒有廁所，沙丘取代了廁所的功能。這裡總是能找到溼紙巾、衛生紙和被狐狸翻過的垃圾

袋。午餐時間沙灘會變得空盪，直到晚上人潮才聚集於此。人們在這裡談論生活、政治和工作。喝酒。放聲大笑。唱〈喂，翔隼〉（Hej, sokoły）。在這裡用 Penilux。

二、垃圾史

　　最初的垃圾是岩石。我在找波蘭最老的垃圾。由新石器時代礦工之手削下的燧石塊。工具的殘餘物也許就是工具本身。我距離聖十字地區奧斯特羅維茨（Ostrowiec Świętokrzyski）附近的克澤米翁基（Krzemionki）保護區邊界僅有幾百公尺，這裡有世界上保存得最好的史前礦業遺跡。地下隧道正在整修，

遊客無法進入博物館，但可以自行參觀博物館建築內的小展區；這裡最有趣的內容是一部關於生活在此的螳螂的小短片。但這只足以吸走眼球十五分鐘，我因此決定進行一場史前尋寶遊戲。十二月初的黃昏早早就到來，我在田野邊緣遊蕩，找尋著我也不知道是什麼的東西。

　　我期待在這裡看到五千年前的工業風貌，但我看到的卻只有聖十字省丘陵的憂鬱。我以為能倚著月光看礦井、礦道和新石器時代的石業遺跡，而我眼前卻是一片年輕的松葉林。林子後方是犁過的條狀耕地與座落小徑上的陰鬱梨樹。或許我只是不太清楚自己在尋覓什麼。黑啄木鳥在某處鳴叫著，田野上嚇壞的黍鵐（*Emberiza calandra*）飛來飛去。我聽見牠們如同孩子在玩氣泡紙的聲音。我很擅長發現自然，卻不那麼擅長發掘幾千年前人類存在的痕跡。我帶了幾塊小燧石當作紀念，試圖想像史前礦工的手也曾經觸碰過它們。

　　我知道這裡存在著礦場。我就站在某個開採區的邊緣，這能在雷射掃描成圖看出來。光學雷達，用以設計管道、道路，以及尋找考古遺址。幾千年過去了，部分礦場景觀已經被農用耙子給剷平，布滿落葉、苔蘚叢生。礦區藏在森林地被之下；礦井看起來就像被填起的舊戰壕或下沉的儲藏室。這座歷史紀

念碑並無埃及金字塔一般莊嚴，尤其它周圍躺滿了來自全波蘭
的垃圾：木圍籬碎片、保麗龍板和一根紅色的大保險桿，還愛
國地以白樺樹幹補上了白色。這裡也有野豬的蹤跡；挖掘落葉
的牠們不是為了找尋燧石斧，而是為了肥美的雞母蟲和根系。

*

「廢棄物指的是持有人丟棄、準備丟棄或是必須丟棄的各
種物質或物品。」「廢棄物」是個如此冷淡、技術性的詞。是
如此有距離感。委婉地說就是以安全、無菌的言語屏障將我們
與物體的本質區隔開來。垃圾畢竟是種平凡、與我們親近的東
西，話說回來，有什麼能比「舊垃圾」讓我們更熟悉的呢？某
種居家、溫暖，幾乎是肉體上的東西。生理上的垃圾。產品最
終會通過我們的消化系統，經由皮夾之口，進到住所之胃，
直到最後我們將之丟棄在外，進了垃圾桶裡。購買、消化、排
泄。我們排出垃圾。

垃圾與我們就是這麼近，一點也不誇張。垃圾也像是平行
世界，與我們有秩序的世界相反。這就是我們不能忍受它存在
周圍的原因，我們下意識認為垃圾會帶來混亂與疾病；垃圾是

某種可恥、骯髒、黑暗的東西。它們被趕出意識之外，被驅出家庭空間。出現在柵欄之後又或是在街上，已經不太能刺激我們了；我們已習慣它隨處可見。若我們仔細看，就能發現垃圾真的是無所不在。就像希區考克的鳥一般，積累的不安讓人覺得牠們在密謀，等待我們錯誤的舉動，以趁機接管我們的世界。

或許這已經發生了？就在尋覓更久遠的垃圾時，人們不也正日復一日地產出家庭垃圾？田園裡的殺蟲劑、毒害了河流（接著是海洋）的化學元素週期表，以及二氧化碳，畢竟這也都是我們文明所產生的垃圾。幾百萬年來，二氧化碳都安全地塵封在地下的煤炭或石油中，現在卻被我們貪婪的文明瘋狂地排入大氣之中。若這不是我們文明的垃圾，那麼發電廠的煙囪和發動機的排氣管冒出的又是什麼呢？煙囪，當然了，是用來丟垃圾的，而風會將之帶往很遠的地方。但這些都和家庭廢棄物一樣，被丟棄的垃圾並不會就此消失。

*

根據定義，「廢棄物」就是我們所謂「多餘的東西」。那

些我們丟棄的東西。現今我們丟棄衣物、家具、電器、書籍，主要的原因是爲了給新東西空間，但並不總是這樣。以前的物品價值比較高，使用壽命也更長。過去，人們沒有魯莽地棄置任何東西，就過去的文明留下的種種痕跡來看，丟棄的都是眞的垃圾。這些垃圾是眞的沒有用了；不可逆轉的無用──破碎的陶器殼、斷掉的工具。幾個世紀以來，人類幾乎使用了所有能夠取得的東西。被獵殺的動物幾乎沒被浪費掉：肉被吃了，皮毛被製成衣物，骨頭則成了工具。

　　以前的人必須遷移時，會帶上那些能夠用上的東西。若是在逃離敵人時匆忙打包，就只會帶上那些帶得走的，能帶上多少就帶多少。若是因土地貧瘠或是地下水位上升，不趕時間、慢慢遷移的話，幾乎會將所有小東西都帶走。甚至還能拆卸自己的小屋。因此有時看到聚落遺跡主要都是地基的輪廓。

＊

　　最古老的波蘭垃圾是克澤米翁基礦工留下的工作廢棄物。史前時代聖十字山（Świętokrzyskie Mountains）山腳下的礦區消失了四千年，被森林給覆蓋住。地質學家揚・薩姆索諾維

茲（Jan Samsonowicz）於一九二二年夏天考察了那裡當時運作的礦場，才使克澤米翁基重返歷史上。他找到留下的礦井和礦道、採礦工具和牆上被火炬照過的痕跡。考古界很快就意識到這項發現的重要性，一九二〇年代末期開始購買這片保護區的土地，並由國家考古學博物館接管。

經過多年的研究，在這片土地上找到了大約四千個礦場遺跡。西元前三千九百年到一千六百年間在此進行採礦活動。從最原始的礦坑到使用了數百年的礦室，人們可以在此追溯採礦技術的歷史。礦井口到工作區的距離甚至長達二十公尺——在地下九公尺深的石灰岩中鑿出二十公尺，可需要好幾代的努力。在巔峰期，一個礦場可能有十幾個人在工作，這些真正的採礦氏族提供原料予專門製造燧石工具的生產商。

燧石上白色、棕色、黑色和灰色的條紋交替出現。上侏羅紀溫暖的淺海形成的岩石，無窮美麗而獨特。這也難怪，以這裡出產的燧石製成的斧頭在最受歡迎的時期可說是遠近馳名。這就是西元前三千年時的規模生產與國際貿易。甚至於今日都令人驚豔，在現在的德國、捷克、摩拉維亞、斯洛伐克、烏克蘭、白俄羅斯和立陶宛境內都發現了來自克澤米翁基的斧頭。它們的鍛造之處距離礦床與聚落有六百公里之遠。

　　礦井周圍的石灰岩碎片直徑達幾十公尺；高度最高達兩公尺。在燧石被分割成小片的地方，產生了礦渣堆。這就是在波蘭土地上第一批的人爲垃圾：漏斗燒杯文化（Funnelbeaker culture）、雙耳細頸橢圓尖底陶器文化（Globular Amphora culture）或是米爾札諾維采文化（Mierzanowice culture）所產生的垃圾。克澤米翁基爲時千年大規模的開採，不可逆地改變了此地的景觀。在開採後的垃圾之上，在人爲形成的地層之上，已經長出了一片新森林。喜好溫暖的植物和無脊椎動物，像是螳螂或是居於南方的蝸牛[30]，在裸露的石灰岩上找到條件良好的居地。

＊

　　直到後來，青銅取代了燧石。米爾札諾維采人滅了礦場隧道裡的火炬，只在居地範圍內創造工具。但是即使出現了新的、更完美的材料，物品還是傳承了下去，在幾百年間只有形式和目的改變。我在烏克蘭東部聽說了草原上的庫曼人雕像，這些雕像支撐著村莊的柵欄，或——鑿開以後——當成動物的食槽。秉持著這種精神，礦工的石錘子也能用來撐起

雞舍的門。這種令人震驚的節儉例子，還有以猶太人的墓碑
作為道路、路邊建材。或是一位朋友在利沃夫哈利茨卡廣場
（Halytska Square）旁的某個後院裡叫我看的那座樓梯。

　　金屬時期是「回收再利用」誕生的時期。青銅的裝飾物被
重複融成流行的新樣式。武器變成了工具，反之亦然，全都取
決於需求。所有被反覆重塑的東西都傳承了好幾個世紀，例
如：在波蘭被用作冶煉珠寶原料的阿拉伯迪拉姆銀幣。

　　那麼，這些銀幣又是從哪來的呢？由皮雅斯特王朝與阿拉
伯世界進行貿易而來。商隊帶來白銀以換取木頭、奴隸以及武
器。金銀財寶便是德魯日納（drużyna）＊的薪資。沒有德魯日納
就沒有權力。

　　直至二〇一二年，波蘭的一百六十項寶物中，找到了約
莫三十七萬枚阿拉伯銀幣。白銀從十世紀起（皮雅斯特王朝
初期）就自南方流入，但是也有更早就流入這裡的。貨幣不
僅來自直接的貿易關係，也透過從十三世紀起就與阿拉伯人
有貿易來往的維京人而出現在波蘭的土地上[31]。迪拉姆成了當
地的貨幣，來自斯堪地那維亞的來客用以支付給波美拉尼亞

＊　中世紀斯拉夫王公的隨扈。

（Pomerania）[*]居民，換取琥珀、奴隸、穀物或是蜂蜜。銀幣因此成了一種支付方式，而九世紀時，銀幣也是很受歡迎的裝飾品。接著銀幣流向各處，經由多次大型的形態轉變，銀幣起源的痕跡便也消失無蹤。在一個開採資源困難且勞動密集的世界裡，人們非常節省資源。

　　回收珍貴的金屬是理所當然的事。就算是今日也不會有人將金耳環丟掉。直到不久以前，幾乎所有物品都跟在人們身邊很久。在一本偉大的書——《浪費與欲望，垃圾社會史》（*Waste and want. A social history of trash*）裡頭，蘇珊・斯特拉瑟（Sussan Strasser）描述了美國企業家的案例。莫里羅・諾伊薩（Morillo Noyesa）在十九世紀中期完全就是有什麼就貿易什麼。只要是可以再使用或再造的東西他都做。在巔峰時期，他負責管理一支由二十二名商人組成的上門推銷團隊，不但為他們配給馬車，還提供自己馬廄裡的馬。買賣之間經常採以物易物的方式進行。他不斷地尋找新的可能。當他知道有使用舊皮革生產染料的公司時，第二天就上路拜訪發明人：來自紐華克（Newark）的多達（Dodda）先生。會面之後莫里羅寫下：

---

* 　中歐的歷史地名，大概位在今日的德國與波蘭北部。

工廠正在購買舊鞋子，一百磅以三十五美分收，必須是相對乾淨的真皮。多達也在購買牛角與牛蹄[32]。每樣東西都代表著某種價值，那個世界幾乎沒有產出垃圾。

諾伊薩的貿易團隊挨家挨戶販售各種必要物品，像是針線、成捆的材料或是錫碗。公司也經營批發市場；直接與工廠購買貨物並銷售給店家。從民眾那購入的東西則售予鋼鐵廠進行再加工。購入價格很穩定。商人們對蜂蠟、羽毛、豬鬃毛，以及鹿皮、羊皮、浣熊皮，甚至貓皮都感興趣。他們替造紙廠買入了角和蹄，用來生產明膠，用作紙的基底（這樣一來墨水就不會在紙上散開）。所有的工廠都買入脂肪用來當潤滑劑或燈的燃料[33]。

十九世紀時的美國，這遙遠、巨大的州自治國家，修理東西沒有盡頭。舊衣以許多方式再利用；一個好的家庭主婦會將破舊的布料換新，洗不乾淨的袖口或領子就翻到另一面。主人的舊衣服給僕人、甚至是家庭奴隸穿。只有最富有的人才能擁有好幾件換洗的內衣。有些人用每天早上排到尿盆裡、未經過任何加工的尿液來清洗工具[34]。

這種清教徒的戒律、節儉仍然受到重視，但美國變得越來越強大。一波波歐洲的移民移入，工業也因此迅速發展起來。

真正的規模生產隨著工業革命而來，垃圾也因此到來。一八九七年時，西爾斯百貨（Sears）家庭產品的目錄多達七百八十頁，並附有二十四頁針對特定市場的傳單[35]。一八九九年到一九二七年間，美國的工業生產力成長了四倍。

　　二十世紀初，許多在美國販售的產品都已經有了包裝。然而這些包裝都能重複使用：菸草罐被設計成可以攜帶三明治。要是在那時還得對人們耐心解釋：丟棄不是種罪。是的，丟棄在當時還是人們未習得的技能；而世界上其他地方的學習阻力則要來得更大。那些美國人十年來不以為意丟棄的東西，東歐居民在三十年前還如珍寶保存著。畢竟在電視櫃裡展示西方的化妝品包裝或是啤酒罐收藏是很受歡迎的。

　　我還記得二十五年前，我的祖母秉持著戰時和戰後頑固的精神，收著那些已經不具價值的包裝。我們都以此玩笑她。當所有人都積極地丟東西時，她卻耐心地洗盒子，沒有隨便就丟棄任何東西。祖母出生於第一次世界大戰前的明斯克省（Minsk Governorate），她不會想到她是波蘭的潮流領頭羊，「減少垃圾」、「升級再造」和「重複利用」，在這些名詞出現在別人的頭腦之前，她早已在實踐。

　　隨著對微生物存在的意識提高，丟東西的藝術也有了突

破，快速進步。衛生的歷史可以證明進步的道路有多曲折，古時的高標準被歐洲拋棄、遺忘了多年。老實說，野蠻人征服羅馬以後，便將我們推入了對衛生無知的深淵。西哥德人摧毀了浴場，他們認為保持清潔會使男人變成懦夫。日耳曼人把酸腐的奶油抹在頭髮上。他們對死亡的輕蔑與所散發出的惡臭味——我不知道哪個比較糟。情況並沒有因為基督教廣傳而有所改善。當時專注於靈性，並深信所有對身體的照護都會把我們導向罪惡，而這也造成了衛生災難。與聖傑羅姆（Jerome of Stridon）會面肯定會有不好的觀感，因為他堅守著受洗後就不應再洗澡這條規則。聖方濟各（Francis of Assisi）為何和動物關係親近？或許是因為動物對他的olor de santidad ——聖潔的氣味——感興趣吧。

　　正如凱瑟琳・阿申伯格（Katherine Ashenburg）《乾淨的汙點：骯髒的歷史》（*The Dirt on Clean: An Unsanitized History*）一書中寫道：「不論貧富、不論男女，都與骯髒、排泄物及難聞的氣味緊密相伴。[36]」十八世紀起情況慢慢開始有了轉變；然而完全擺脫某種迷信、戒掉習慣仍需要多年的時間。人們因害怕生病而多年未更衣；最多只洗手和臉，擔心疾病會因溫水將毛細孔打開而進入身體。直到巴斯德（Louis Pasteur）和柯霍

（Robert Koch）對細菌與傳染病傳播的研究知識廣傳，衛生才成為生活基礎。在此之前，醫生或醫務人員在醫院做完手術後洗手，從來就不是理所當然的事情。

一九二〇年代才是真正的革命時代，隨著廣告在市場上的發展，衛生成了商業行為。無味、無菌的世界成為一種理想。體味變得越來越令人羞愧，並與骯髒、貧困和疏於照料劃上等號。發出臭味成了人際關係的基本問題，不過只要使用李施德霖（Listerine）漱口水或第一種除臭劑——奧多羅諾（Odorno）就可補救。與人體有關的禁忌被對不雅氣味的不容忍給取代，不過比腋下的氣味更令人羞愧的，是月經。

在一九二〇年代初期靠得住（Kotex）衛生棉上市以前，很少有真的一次性物品。在此之前，女性都使用可洗滌的棉布。「靠得住」這個名字來自意為「類棉材質」（cotton-like texture）的縮寫，因為所用的是第一次世界大戰時生產繃帶的材料。該公司為倉庫裡多餘的庫存找到了新用途。衛生棉的廣告出現在大量發行的雜誌上，明顯打破了生理禁忌；內容自然是避開了直接的描述，不過「為女人而生」的說法清楚地傳遞了訊息。他們說服藥師在架上展示商品。一九二二年時，衛生棉就已在公共廁所的販賣機販售了。

市場調查顯示，女性對於在公共廁所留下不潔的經血巾感到羞愧。她們期待著可沖進馬桶裡的產品。靠得住知道這一點，因此這也成了行銷上最重要的賣點。衛生棉的包裝上有著如何丟棄的說明：去除紗布層，撕開填充物，等待幾分鐘讓衛生棉適當吸收水分。然而，這整個流程花費的時間太長了。許多顧客抱怨，這種方式並不比使用舊型的月經布要來得衛生。事實也證明了這些材料會堵塞排汙系統。

斯特拉瑟的書讓人清楚理解，美國於一九二〇年代的發明是如何反映在今日的消費文化上。生產商在那時就已開始互相競爭，委託做更全面的市場調查，並將廣告事務交給專業機構處理。起初目標客群為社會上層女士（衛生棉當時相當昂貴）的靠得住，也漸漸將目標轉往大部分來自移民家庭的藍領階級。選擇使用一次性的衛生棉對他們來說是身分的選擇，也是對更好的新生活方式的渴望。

*

一次性文化的大門被打開了。各家公司都對使自己的產品能「用後即丟」不遺餘力。例如：紙杯。然而這不僅是只使用

一次的問題，而是所有東西的使用時限都縮減了並構成新的問題。廣告使人信服長期使用產品是窮苦人家的行為。市場上會出現據說性能更好的新型號，然而實際上與前一款不同之處只有外觀，只是更新、更時髦而已。

　　大型汽車公司之間的競爭在此出現了轉折。汽車畢竟是目前我們定義美式生活的關鍵特徵。通用汽車（General Motors）自一九二三年開始，每年推出一款新車。這和當時幾乎控制了整個市場的亨利‧福特（Henry Ford）在其公司採用的策略極為不同：他堅信，一臺理想的車應該要好到讓人不想再買新的。通用汽車這時正試著喚醒人們對新物品的渴望，或者說是製造在消費上的不滿足感。一九二七年春天，其中一個通用汽車旗下的品牌——雪佛蘭（chevrolet）——銷售成績超過了著名的福特T型車[37]。

　　許多產業開始放慢腳步——為了維持增長，必須鼓勵消費者購買。一九二○年末至三○年初，在克莉絲汀（Christine Frederick）與J‧喬治‧弗雷德里克（J. George Frederick）的文章中出現了「漸進式淘汰」這個術語。這是個新消費趨勢的名稱，展現出對新事物的喜愛，傾向花錢並鼓勵丟棄還能使用的舊物以購買新品。與呆板、守舊、仍迷戀著古董並守著塵

封舊物的歐洲相比，新的風格受到讚揚，並被視爲典型的美式作風。克莉絲汀與J・喬治・弗雷德里克後來稱這些對新事物狂熱，並嫌惡一切老舊與不時尚之物者爲「新意識形態的信徒」。

有趣的是，克莉絲汀・弗雷德里克十幾年前還是勤勉、常識與節儉的信徒。從一九二六年出版的波蘭文版《新家事法則：家庭管理的效率研究》（*The New Housekeeping: Efficiency Studies in Home Management*）可以證實這一點。作者在該書序中描述了幾十種能節省錢與時間的家事方法。在優化每項工作時都帶著狂熱。克莉絲汀舉例，以不同的流程洗碗讓她多得了十五分鐘時間，比如：徹底擦乾餐具與清除盤中的食物殘渣。她告誡讀者：「錯誤的工作安排就像在追蹤動物足跡，而不是在進行專業活動。[38]」書中有圖表解說如何打理廚房，以在拿取櫃子裡的平底鍋時省下幾步路。一九一三年（該書的內容在美國刊登時）她建議人們在購買新的廚房用品前問自己：「我需要嗎？這值得嗎？」那時節儉仍是最重要的價值觀。節省燃料、時間、精力，甚至是幾步路。

十幾年以後，這已和個人理性無關，而是與保持市場熱絡有關。「新意識形態的信徒」從革新語言開始：購買新物品、

設備或電器，不管舊的仍能使用，與奢侈、揮霍相連。令人不悅的「淘汰」或是「過時」等詞，與進步和新奇的事物連在了一起。丟棄舊家電被歡欣地稱為「創造性浪費」。廣告力勸人們與時俱進，跟緊時尚的腳步。而消費者的競爭成了刺激進步的手段，競爭著誰先擁有下一個新玩意。現代化與持續變化成了經濟衰退背後的原因[39]。

　　「漸進式淘汰」的概念迅速發展。用過的舊設備開始以「阻礙進步」被汙名化，被視為對隨著經濟增長而越趨富裕的社會不忠。即便是在大蕭條時期，昂貴家電，例如冰箱的銷售也在增長。這當然都要歸功於成功的廣告，確保冰箱是一項值得的投資，因為可以長時間保存食物。人們還在以棉布袋縫製衣物，卻購買了新的冰箱[40]。戰爭是犧牲與放棄的時期，中斷了數年來的計畫性購買與丟棄。橡膠、舊絲綢、紙張被收走；玻璃紙、錫和鋼鐵製品從市場上消失。據說一個舊桶子相當於三把刺刀，一塊鐵皮是兩頂頭盔，而兩磅的廚房用油則是五枚反戰車飛彈的丙三醇[41]。

　　事實擺在眼前，戰爭後人們已不願對任何東西說不。

＊

　　塑膠並不總是指涉同一個東西。塑膠是對幾千種聚合物的概括性名稱，而我們周遭幾乎所有的東西都是聚合物。這個字由希臘文的 *plastikos* 而來，意為可塑的。一八三九年被認為是塑膠誕生的年代，當時查理斯‧固特異（Charles Goodyear）發明了硫化橡膠。不過人類認識天然聚合物的時間要早些，例如：蟲膠，一種由食樹液的介殼蟲經消化產生的汁液，被用作塗料，也是清漆與油漆的成分。或是古塔膠，為古塔膠樹（Palaquium gutta）的汁液，凝固後很堅固，這種耐用的物質在印尼被用在開山刀的刀柄上。十九世紀中成為保護水底電纜線的絕緣材料。

　　塑膠的下一個關鍵性發展是以纖維素為基礎的材料。這在一九七〇年代中期達到了顛峰，賽璐珞（Celluloid）是第一種具有廣泛用途的熱塑性塑膠。不過，易燃、不耐光照等幾個重大缺點限制了它的應用範圍。

　　早期的塑膠主要是為了取代昂貴、難以取得的天然材料；尤其是象牙的替代品。生產撞球的費倫&科倫德公司（Phelan & Collender）甚至祭出一萬美元的獎金給找到優良替代品的人。

　　第一個大規模生產的塑膠是電木（bakelite）。利奧‧貝克

蘭（Leo Baekeland）於一九〇七年獲得其專利。這種材料的基礎是酚醛樹脂（Fenoplasty），它也因此成為第一種非天然成分，得經實驗室合成取得。電木成為「千種用途」的材料；最重要的是它的絕緣性質：不易燃且導熱與導電性差。一九二五年膳魔師（Thermos）以電木生產了漂亮的棕色保溫杯，幾年後市場上也出現了西門子（Siemens）的電木吹風機。電木很堅固，且不受空氣條件影響。

　　一九三〇年代，塑膠跳脫了替代品的角色。經濟危機與漸形激烈的競爭為工業設計提供了蓬勃發展的良好條件。持續優化的塑膠為設計師帶來了無窮的可能。其中一位設計師，哈羅德‧范‧多倫（Harold Van Doren）於一九三六年寫道：「六、七年前沒人想得到塑膠能廣泛運用。塑膠在各行業中都極受歡迎……由於可賦予其顏色、漸層，且耐久、可精雕又輕便。不過，或許最重要的因素是對擁有不同新物的渴望。[42]」

　　羅蘭‧巴特（Roland Barthes）於一九五〇年代中期以帶點失望的句子開啓了他的〈塑膠〉（*Plastic*）一文*——塑膠這個名稱讓人聯想到無人知曉的希臘神祇或英雄：聚苯乙烯、聚

---

* 〔編註〕收錄於《神話學》一書中。

氯乙烯、聚乙烯。他的某些反思已遠遠過時，但有些洞察卻讓人再次驚豔。並不是塑膠相悖於其「發出的聲音——既空洞又乏味」，也不是塑膠從未達到「令人滿意的自然物質的光滑度」。他說對的是：對塑膠來說沒有不可能的事。塑膠是一種無限的組合，因為——在這部分巴特沒有預言錯——它將取代其他的材料。

在他寫這篇文章時，塑膠還未席捲各處。椅子當時還是木製的，牛奶裝在玻璃瓶裡販售，而汽車仍是一堆鐵板。現今平凡無奇又理所當然的塑膠物品，在那時是最新的時尚和工業設計傑作。如吉諾·科隆比尼（Gino Colombini）於一九五三年的設計，以名為KS1146的技術產出帶有金屬提耳的聚丙烯（Polipropylen）桶；或是羅伯托·曼奇（Roberto Menghi）美麗的銀綠色聚乙烯汽油罐。塑膠對巴特而言是假貨、仿冒品、劣質品。人造鑽石、人造絲與人造皮。巴特不屑地寫下塑膠毫無魅力：「塑膠迷失在橡膠的流動性與金屬的平面硬度之間。」難以掌握，排除於任何類別之外。然而，這則診斷切中了要點：「物質的等級制被廢除了，而一個物質取代了一切：整個世界都可能被塑化，當人們開始生產塑膠主動脈，就連生命本身也塑化了。[43]」

　　我覺得巴特應該很驚訝我們這麼快就把世界變成了塑膠帝國。我們既是塑膠的受益者，也是受害者與人質。沒有塑膠，我們的世界就無法存在。我們搞不定它，就如大自然也搞不定它。海龜因為無法分辨塑膠袋和水母而吞下塑膠袋。幾十年前實驗室裡創造出這些令人困惑的相似結構，都成了進化過程中無解的陷阱。而我們身為這場混亂的肇事者，卻無能為力。

　　好友的父母買了一棟假期住宅，過去幾年，他們觀察了前屋主種在院子裡的植物。他們一年裡僅在那待上兩個星期，但是植物卻活得好好的，真是個奇蹟。那是一種不太需要照顧的南方種，有著類似皮質的淡綠色葉子。當它終於開始凋萎時，屋主嘆了口氣，這植物總算像個活著的有機體了。在此之前，這種與邏輯相悖、無可動搖其存在的草使他們不安。直到清理時他們才發現，葉子似乎是以軟塑膠做成的。就這樣剝落了。還真是個高級的仿冒品。

＊

　　一九五○年代，隨著塑膠工業極速發展，一次性用品也跟著起飛。一九五五年八月號《生活雜誌》[44]（*Life Magazine*）上

的一張照片完美地呈現了這場大爆發。照片呈現出一個理想的
美國家庭：金髮男與他的金髮妻子，還有他們的金髮女兒。這
則舊廣告有著奇怪之處：不對稱。只有一個孩子？要組成一個
幸福的家庭，這裡明顯缺了一位小男孩；獨生女在這似乎有些
不安。若在今日，我們肯定會在這則廣告加上一條聰明的狗。
拉布拉多，或是邊境牧羊犬？照片上的每位成員都苗條、健
康、年輕且非常快樂。他們在無憂無慮、喜悅的姿態下止住，
塑膠盤、杯子、桶子、托盤、碗、刀子、叉子和其他在網路上
的黑白印刷中很難看清楚的東西散落各處。

　　多有說服力的畫面啊。述說了一九五○年代溫馨、安全
的家庭夢；一場關於美國白人沉睡的郊區、汽車戲院（Drive-
in theater）、逐漸富裕起來的夢。對那些想讓世界浴火、令
人感到不安的共產主義者、韓戰、古巴與核災隻字未提。這
家人大大地張開雙臂，在喜悅迸發的情況下，這個姿勢不
太自然，很奇怪。這比較像牧師不朽的姿勢，像是希維博津
（Świebodzin）的耶穌翻版，或是耶穌以五餅二魚餵眾人時的
姿勢。這個家庭正在創造一個新世界，一個「沒有任何家庭主
婦需要為洗滌擔憂」的富足世界。當時的塑膠愛好者認真地算
出，清洗這些鬼塑膠得花上四十個小時。

　　我才不信。或許三歲小孩會相信，但肯定不會是我刻板印象中的廚房老手——體操好手瑪莉・盧・雷頓（Mary Lou Retton）。然而廣告不是用來據實以告的，而是用來販售夢想。一個有空閒時光留給自己與家人的夢想。清洗是無聊的事，得持續二十分鐘至半個小時，時間久得像是四十個小時一樣。這類廣告胡謅是電視購物頻道的先驅，與家庭主婦站在同一陣線，與日常的汙穢和雜亂作戰。四十個小時的清洗是個可怕的數字，就像家庭主婦擦去額頭上的汗水，以歇斯底里的動作試圖刮去結在鍋爐上的油汙一樣可怕。放心吧。我們知道很快就會有解決辦法的。

　　「照片裡所有的東西都能用後即丟。」《生活雜誌》的編輯們肯定地寫下這行字，以防某個人家可愛的祖母想把它們都洗掉。從那時起拋棄式生活就成了普遍的生活方式：而六十年後這張甜蜜的照片看起來卻很荒唐。我在腦中的錄影機上按下了回放鈕，一場不斷循環的塑膠垃圾雨就落在這個討喜、充滿歡笑的家庭中。而他們開心依舊。在同一個系列中，還有一張會說故事的照片。照片上，拍攝現場的工作人員正忙著收拾這個家庭創造出的凌亂。為了不要弄髒鋪在布景中的素材，一名男子甚至還脫了鞋，向鏡頭閃過一條舒適的破襪子。最終，還是

有某個人必須收拾這個爛攤子。

*

我們已經吃下了塑膠,而且覺得這對我們有害。消費文化讓我們知道,人們擁有選擇的權利。我們想要做出明智、深思熟慮的決定,只是這個世界太複雜,我們無法知道所有的事情。網際網路看似帶著幫助問世,但這個大垃圾桶裡頭既存在有價值的東西,同樣也混著無稽之談。一如那些關於「環保」塑膠的新聞,帶風向的消息或虛假資訊普遍存在網路上。每隔幾天我就會讀到關於天然、符合消費者期待的生物降解塑膠資訊。

為了取代堅不可摧的塑膠,尋找完美替代品的競賽仍在持續著。或許基本的問題正是「塑膠」這個詞,我們用來俗稱一個具有千種面目的物質,而事實上,塑膠真的有千百種。它們由不同的聚合物、穩定劑、增塑劑、填充劑、染料經過複雜的化學程序而組成。也就是說,若某個東西是由植物製成的,並不就像剝番茄皮這麼簡單;相反地,就算是石油製品也可能可以被生物降解。順帶一提,石油的來源完全是天然的,畢竟它

就只是動植物的殘骸，也沒別的東西了。

　　我曾聽說有以甲殼類動物外殼、蕈類、各種纖維做成的塑膠。當然了，沒有一種塑膠是萬用的；有些彈性較不佳，有些則是抗潮力較弱。當然也有一些是能生物降解的，但這卻是其唯一的優點。許多「環保塑膠」分解後正好就與來自石油的聚烯烴（Polyolefin）相同，是我們想極力避免的物質。不久前聚乳酸（Polylactic acid, PLA）這種由玉米澱粉為基礎製成的塑膠，成了我們的救星。

　　從那些充滿熱情、欣喜若狂、聽起來更像是贊助內容的新聞報導中，能得知我們正站在革命的檻上。製造商保證──正如我所讀到──聚乳酸不是任何一種「化學物質」，也不是有害物質，它是天然的。說得好像塑膠就長在樹上一樣。聚乳酸是經過一系列的化學作用得來的聚合物：植物廢料水解、細菌發酵；並在不同的溫度下以酸、鹼和溶劑處理取得的乳酸（Lactic Acid）。我讀到：聚乳酸得以生物降解；但文章內容卻省略了一個不太方便的訊息：聚乳酸只有在受控溫度和溼度下才會分解。波蘭沒有一間工廠能在所要求的一個半月週期內完成分解的過程。

　　根據製造商模擬[45]，聚乳酸塑膠在垃圾掩埋場沒有光和氧氣

的條件下，甚至得花上一百年才能慢慢分解成微塑料。照這樣來看，聚乳酸跟傳統使用的聚烯烴並無不同。生物可分解塑膠的問題是另外一種。若聚乳酸這種塑膠沒有單獨的收集計畫或是標示系統，會讓它們無法被排除在傳統的塑膠之外。想要達到循環經濟的話，這將是主要的問題。聚烯烴與聚乳酸這類塑膠會降低塑膠回收物的品質。

*

我沿著桌子滑過一小塊透明薄片結構物。

「這是什麼？」我挖洞給麥克跳，因為我知道這東西是什麼。

他皺起眉頭，把這塊東西拿到手上。他是化學工程師、聚合物專家，已經耐心花了好幾個月，耐心地向我解釋塑膠的性質和性能；他與我分享困惑，幫我找出問題的關鍵。他摸一摸這塊東西，以不同角度凹折，然後若有所思地說：「看起來像是生物降解聚苯乙烯，已經有點泛黃了。失去了彈性，所以比較脆。」

我從來就不擅長製造緊張氣氛，雖然很想繼續聽他說下

去，我還是笑了出來。麥克這才知道我在鬧他，眼裡帶著絲毫不滿地看著我。

「這是魷魚的殼。」我自傲地解釋。我會知道答案只是因為我親眼看到牠被剖開。

這難道不奇怪嗎？我們是否應該大膽地承認：塑膠對我們來說已經是個比魷魚殼還理所當然的東西。從幾個月前我就發現到處都是塑膠製品。灰暗二月的某一天，我試圖在公園茂密的樹枝上找尋鷦鷯（*Troglodytes troglodytes*），牠以咯咯聲表示對我的存在厭煩。鷦鷯的羽毛像是聚酯（Polyester）做成的，滑順、帶有光澤。相同的還有尖尾鴨閃亮亮的喙，彷彿永遠是溼潤的；彷彿這喙是大自然早有遠見地以橡膠製成的。這就是我說到處都有塑膠的意思。它們無所不在。我們是如此習慣它的無所不在，對我們來說，塑膠也就因此是種理所當然、親近、熟悉的東西了。

我們每天都會看到不同形式的聚苯乙烯，但卻很少、又或者從來就沒見過魷魚殼。畢竟我們人類能走這麼遠，是因為我們很機靈，也很專注地觀察大自然。我們現在仍是如此。軍用機器人讓人想起動物。高速列車模仿翠鳥（*Alcedo atthis*）的身影，甚至高效能的傳動裝置也模仿跳蚤的跳躍機制。這些都

是仿生學*。耐心演進還是最完美的解決方案，因為這些解決方案經過了千年的測試。

　　麥克拿了打火機——這是用來檢驗材料最直接，但也是相對較不完善的方法——點燃魷魚殼。甲殼質（Chitin）很容易燃燒，但我們並不是想燒了它，而是想看看它會怎麼燃燒，以及煙霧的氣味如何。聞起來像是頭髮燒焦的味道。

　　「聚苯乙烯聞起來像花，但是這聞起來像是有機物。」他才解釋完，立刻又加上：「但另一方面，聚醯胺（Polyamide）聞起來也是這樣。要不是你說這是魷魚殼，我會猜聚醯胺。」

---

*　模仿生物特殊本領的科學，用以研發新的機械與技術。

2020年2月4日

10：48, 52°12′58, 0″N, 20°59′01, 5″E

2018年7月23日

18：18, 50°47′16, 8″N 15°32′13, 4″E

　　夏天的草地白白橘橘的。司機把手伸到車窗外，懶洋洋地
撢菸灰。這動作沒有持續太久，因為外頭的熱浪讓人無法招

架。比起城市的熱意，吸菸更能接受尼古丁的飢餓感。在窗戶完全關上前，把菸蒂從窗縫丟到綠油油的安全島上。這裡總是塞車，所以路上有很多香菸。它們就躺在癌症治療中心旁的紅綠燈下，這不顯得諷刺嗎？

儘管如此，這裡的菸蒂卻不那麼引人注目。它們已經成為城市景觀的一部分。在那些我們期望還未受到破壞的自然環境之下，菸蒂會更令人反感。在克爾科諾謝國家公園（Karkonoski Park Narodowy）裡瓦布斯基峰（Łabski Szczyt）的小山莊前，我在一分鐘內就撿了一大堆菸蒂：男人的、女人的、細的、粗的、有口紅印的、只吸了一兩口的，或是吸得精光，只剩下橘色屁股的。

吸菸者距離垃圾桶不超過十公尺。

我自己又有多少次不經意地將菸蒂丟入灌木叢或湖泊裡？一彈而過⋯⋯多怡然自得的手勢啊。像在拍電影一樣。畢竟大家都這樣做。再說，一根小香菸有什麼問題呢？一根沒什麼，但是最後我意識到問題的規模之大。每年全世界生產約六十億根香菸[46]，至少有三分之二的香菸遭吸菸者隨意丟棄。所以世界上最常見的垃圾是菸蒂，準確地說是香菸的濾嘴。舉辦淨灘活動的海洋保護協會（Ocean Conservancy）在報告中揭露，

二○一九年他們的志工撿了約五百七十萬根香菸。排名緊接在後的是食品包裝（糖果或洋芋片）和塑膠吸管[47]。美國的研究顯示，菸蒂占了路邊垃圾的三分之一。

　　接近九成的香菸含有醋酸纖維素（Cellulose acetate）——一種用以製造鏡框的聚合物——製成的濾嘴。根據不同條件，濾嘴分解所需的時間可以是幾個月，甚至幾年之久[48]。不過，除了濾嘴，還有煙霧——含有幾十種對人類有毒且致癌的化合物。許多香菸中的化學成分都能在我們熟悉的產品上找到，只不過，它們都有適當的標註。氨（Ammonia）存在家用化學品中；砷（Arsenic）用於老鼠藥，而尼古丁——被用作殺蟲劑。這些成分都會毒害土壤與水源。

　　有段時間我被《自然》（Nature）雜誌裡一篇關於城市裡的山雀（Paridae）用菸蒂來築巢的文章所鼓舞。菸草中的化學物質有驅蟎的作用[49]。我發現了「大自然能有所應對」這令人欣慰的證據。而我的樂觀建立在墨西哥國立自治大學（Universidad Nacional Autónoma de México）學者研究的結果上，他們研究家麻雀（Passer domesticus）和家朱雀（Haemorhous mexicanus）的鳥巢[50]。然而，兩年後同一個研究團隊指出與有毒物質（尼古丁、乙苯酚〔Ethylphenol〕、二氧化

鈦〔Titanium dioxide〕、丙二醇〔Propylene glycol〕、殺蟲劑和氰化物〔Cyanide〕）接觸會導致鳥類的 DNA 與染色體受損。

　　所以說，香菸是毒藥。

三、北方塘鵝的麻煩

　　如夢似幻。十一月，綠油油的院子裡，歐亞鴝（European robin）仍在高歌。溫暖的海洋像義大利氣泡酒般泛著氣泡，我們一遍遍聽著盧西奧‧巴蒂斯蒂（Lucio Battisti）的〈E penso a Te〉。雖然懂得不多，但我們知道這是一首關於人生有多美好的歌。小船輕晃，而箱子裡的葡萄酒喝起來棒極了。悔恨在

這種時刻向我襲來。小雛菊商店*的收銀員們正在黑暗中等著公車，全凍僵了；男人們則在電車上偷喝啤酒。我的國家灰暗、潮溼，還有霧霾。

埃奧利群島（Aeolian Islands）中的每座島各有不同。武爾卡諾島（Vulcano）終年散發著硫磺的氣味。溫泉泥在身上留下難聞的氣味，滲入衣物每一絲纖維中。巨大的火山口和冒著煙的泛黃岩石。空蕩、寂靜的風景。數萬年前，世界就是如此。山坡上某處，一群蒼頭燕雀（*Fringilla coelebs*）無聲地俯衝，彷彿被這種神聖的氣氛嚇壞了。

而帕納雷阿島（Panarea）像個小仙女或是綠仙子。一座無法登上的島，如她生鏽、嶙峋的懸崖一般高高在上。當我們看著此地像藍色皺紋紙的海面，看著光在撕裂的雲層間遊戲，我們才知道，爲什麼神話故事會發生在這樣的地方。

斯通波利島（Stromboli），一個大錐體、原型、孩子畫的火山。有著完美的對稱和截斷的山頂。平緩的爬坡、無止盡的曲線，我們感覺幾乎還未從海面上的泡沫露出頭，卻已經爬了差不多一千公尺。時不時能聽見低沉的轟隆聲。糾纏的非洲蘆

---

* 波蘭連鎖超商 Stokrotka。

葦在山頂下消失，只剩下黑色的火山沙原，以及山另一側某處的夕陽光輝。

　　我們抵達山頂時太陽很低，腳下的火山口冒著煙。年紀各異的手足，有著不同的個性、性格與脾氣。多血型、憂鬱型、膽汁型、黏液型*。最勤奮的正以如引擎般可靠的節奏孜孜不倦地輕輕吐出雲朵。哺、哺、哺、哺。大的那個在比較後面，令人肅然起敬。以洪亮、情緒性的嗚咽規律地噴出羽狀岩漿，輕巧的火山岩伴隨著震耳欲聾的砰砰聲灑落火山口底部。但是巨大的恐懼喚醒了那位小膽汁型。又細又尖，如肺結核嘶啞的咳嗽聲變成噴射機起飛的轟鳴聲，像迫擊砲一樣將石頭向上射了幾百公尺。黑暗降臨，變冷了，但是底下的生活仍持續不歇。發出啵啵聲的泥漿像是波希（Bosch）畫筆下的地獄。臨走前，右邊一座隱隱的火山噴發，像是想說：「你們要走了？我們甚至還沒聊上幾句。」作為告別。噴發了一次，就一次，不過很壯觀。低沉而響亮，像被囚禁在克里姆林宮中庭的沙皇砲終於開口說話。火山給人一種療癒的感覺，大地尚未說出最後一句話，比起人類的金錢，它的力量越來越強。

---

*　四種氣質（Four temperaments），源於古希臘的性格分類。

　　一天天就這樣過去。某天晚上我們漫無目的在其中一個小鎮蹓躂時，一位在街上招呼的老先生邀請我們去他的餐廳。餐廳叫做 La Cambusa，牆上掛著的照片顯示，名人──不過不是我們──曾造訪這裡。我們坐下後，頭戴棒球帽，身穿羽絨服的廚師兼漁夫便來到桌邊，以誇張的動作介紹今晚的大明星──我們的晚餐。海怪淘氣地咧嘴一笑，向我們眨了眨眼睛。老闆熱情地比著手勢說話，或許他聊的是生活、葡萄酒，或許是聊女人，這都不重要，我們很喜歡這座戲院，所以什麼都好。黑達沃拉（Nero d'Avola）紅酒平均地倒進酒杯。

　　當一切都太好時，我會感到羞愧，現在卻覺得，我或許不該對自己這麼嚴苛。或許值得爲這種事感到生活開心。半個小時後，我們的梭魚義大利麵上桌了。熱情我給滿分，但食物沒什麼味道。我們就別破壞氣氛，開心一下吧。當我在心中再次責備自己時，我的牙齒在某塊不是骨頭的東西上彈了一下。很不舒服的感覺。本是個歡欣滿意的時刻，現在心卻涼了下來。

　　這東西不肯屈服，我也不想與它對抗。我吐出了一顆堅硬的白色珠子。這個物質弄碎了一點我的牙齒。珠子是透明的。

＊

　　自查爾斯‧Ｊ‧摩爾（Charles J. Moore）發現在夏威夷和加州之間隨浪波動的巨大海洋垃圾場，已經過了二十年。成團的塑膠包裝、瓶子、瓶蓋和無以計數的不明廢棄物吸引了他的注意力。這個地方被稱爲「太平洋垃圾場」，而它的增長令人擔憂。北太平洋環流正快速地將更多垃圾積在這裡。

　　二〇一八年編寫的報告中[51]估計，從飛機和船上觀察到的水面範圍大小至少有一千六百萬平方公里。這比之前估計的還要大上四到十六倍。海洋垃圾場是一灘漂移的聚合物湯，由十七億個碎片組成。試圖將有十二個零的數字形象化，請原諒我，這似乎沒什麼意義。這就跟要研究員去估計土地上有多少沙粒差不多。研究員認爲這般估計還是保守的。這些垃圾從哪來？研究員撈出幾百個物品，由上面的文字可以認出九種語言。這之中有三成是帶有日文字的垃圾，中文的垃圾也一樣多。剩下的占比則由九個國家瓜分。

　　最大的海洋環保問題是丟棄或遺失的漁網。漂浮在水上的漁網不會停止撈捕。除了魚、海洋哺乳動物、甲殼類動物，它們也會抓住其他的垃圾。漁網通常以非常堅固的聚醯胺或是比較便宜的聚丙烯製成，在海洋環境裡無法快速分解。一如所有的塑膠，在陽光、海水或是摩擦的作用下會分解成小塊，但是

這個過程需要數年時間。根據估計,二○一八年至少有七萬九千噸的垃圾被困在海洋垃圾場,其中百分之四十六就是遺失、被海流捲走或只是單純被漁船丟棄的碎漁網。

就重量而言,垃圾和大型塑膠占了漂流垃圾的大宗,但就數量來說,微小、無以計數的微塑料卻占了主導地位。估計(不斷在變動)指出,微塑料在所有漂浮的碎片中占了九成。

海上的塑膠堆問題又廣又深,已經有人開始談論第八塊大陸——塑膠生物圈(Plastisphere)。這個畫面有點令人疑惑,海洋垃圾場並沒有土地結構,沒辦法站在上頭,那裡不可能長出樹,直升機也不會在那裡降落。太平洋垃圾場只是最知名的大型海洋垃圾場之一。據估計,地球上已經形成了至少五個大型的塑膠聚集漩渦。大部分流入海洋的塑膠,密度都比水小,因此可以被表面洋流甚至是風帶得很遠。最常漂流的是聚乙烯和聚丙烯,而這也反應出全球生產的比例。

塑膠從哪流入海洋呢?最少有百分之八十的塑膠由陸地進入海洋,主要是從十條大河流入。其中八條河位於亞洲——長江、印度河、黃河、海河、恆河、珠江、黑龍江、湄公河。兩條位於非洲,尼日河和尼羅河[52]。河流與其數以千計的支流,流經沒有任何垃圾收集系統的人口密集區。長江流域大約有五億

人口居住，許多人直接將廢棄物丟進河裡。而其他的陸地垃圾隨著地表水*流入海洋，例如颱風期間的大水。塑膠廢棄物溢流的可怕影片出現在網路上各處，動搖了我們的信念，還以為我們在家乖乖地將瓶罐、優格盒子分類就能阻止這場災難。

＊

我們個人的犧牲、積極參與生態保育活動、正確的習慣，這些當然都有意義，不過這主要是對我們自己有意義。我有時還會撿別人的垃圾、幫鄰居做好垃圾分類。而這也就是我看到這則公告後，想去睡覺的原因：二〇一九年一月MSC Zoe貨櫃船由安特衛普（Antwerp）航向布萊梅港（Bremerhaven），在北海地區因海況惡劣落下至少三百四十五個裝有各種貨物的貨櫃[53]。幾噸的貨物被沖上荷蘭和德國的海灘。玩具、家電用品與電器、鞋子、家用工具、車子的零件。大多的貨櫃都沉在弗里西亞群島（Frisian Islands）地區，二十個在波爾昆（Borkum）附近，還有二十個被沖上岸。

---

*　陸地上的水體，包括地表逕流、湖泊、河流、溼地、潟湖等。

　　兩個裝有危險物品的貨櫃卻沒找到：一個裝有大約一噸半的鋰電池，另一個則是近三百箱的過氧化物（peroxide）。過氧化物是某些化合物的通用名稱，這裡指的是過氧苯甲醯（Benzoyl peroxide，BPD，高濃度下會刺激呼吸系統，對動、植物有毒）與鄰苯二甲酸二環己酯（Dicyclohexyl phthalate，DCHP，可能是一種分散劑，有利於不同物質混合，例如油漆中的色素）的混合物。還有一個裝有二十多噸聚苯乙烯丸（用以形成聚苯乙烯產品的顆粒）的貨櫃損毀。汙染最嚴重的地方是距離荷蘭大陸僅十公里遠的斯希蒙尼克島（Schiermonnikoog）沙灘。我不會給出數字，因為沒人會記得。全球海上頻繁發生類似的災難，貨物落海與其內容物的資訊不僅很少公開，船東們反而還會試圖掩蓋蹤跡。在歐洲中間的三百五十個貨櫃蹤跡是無法掩蓋的。若災難在太平洋中間發生呢？

　　最有名的貨物落海事件，肯定是一九九二年一月掉進海裡的十二個貨櫃，裡頭裝有塑膠洗澡玩具。長榮海運的長冠輪（Ever Laurel）裝著這些玩具由香港開往美國塔科馬港（Tacoma），但在半路——大約阿留申群島的位置——遭遇暴風雨。十幾公尺高的浪將貨櫃沖出甲板。這些中國製的塑膠小動物（黃色小鴨、紅色河狸、綠色青蛙、藍色烏龜）沒有任何

孔洞，所以不會下沉，將會一直在海上漂流直到材料分解。

　　第一批玩具在阿拉斯加矽地卡（Sitka）被沖上岸，接著在日本、印尼、澳洲與南美洲的海岸出現。直到一九九六年才停止出現在海灘上。美國海洋學家柯蒂斯・埃貝斯邁爾（Curtis Ebbesmeyer）在這起事件令人不快的垃圾層面之外，看到了科學機會。他分析出這些玩具漂過的路線，提出洋流移動的模型和洗澡艦隊往北移動的假設。而他的假設並無誤，小鴨子和其他東西在世紀之交時出現在大西洋上。海洋將它們送到加拿大、愛爾蘭和英國[54]。一群來自馬爾欽・韋斯瓦夫斯基*（Marcin Węsławski）教授團隊的波蘭生態學家也在斯匹次卑爾根島（Spitsbergen）看到了這些垃圾。「垃圾無國界」真的毫不誇張，海洋是一艘巨大的船艦，只是為了方便而以不同名稱命名。

　　有時垃圾會因意外的因素被沖上岸。二〇一一年，大地震引起的海嘯蹂躪日本東北部沿海地區，捲走了數千人的家產。最壯闊的旅程就屬來自岩手縣陸前高田市的村上岬（Misaki

---

* 波蘭海洋生物學家，自一九八〇年代以來致力於研究位在斯瓦巴群島的歐洲極區生態系統。

Murakami）的球。耗時一年，航行五千公里，海洋將它帶到了離阿拉斯加不遠的米德爾頓島（Middleton Island）。這是海嘯捲走的物品中，第一個征服太平洋的。大海嘯發生兩年後，加州沿岸發現了裝滿貝類的小漁船。根據船舷上的文字，確定這艘船屬於村上岬就讀的高田中學，是海洋生物課的教材。

　　不過，最有力的還是第一手故事。十幾年前加泰隆尼亞的波蘭文學翻譯家、研究貢布羅維奇（Gombrowicz）的學者，保羅・弗萊薩・特拉達斯（Pau Freixa Terradas），在俄羅斯的火車上認識了一位年輕的地質學家。火車能拉近人的距離，特別是在東方，聊著聊著這名男子便邀請訪客去他家，並述說了自己造訪俄羅斯科拉半島（Kola Peninsula）的故事。他在那和一群科學家進行某種「政府考察」。一片原始的大地，沒有比被凍原包圍的北部海洋還更嚴峻的景致了。他們在半島沿岸有了驚人的發現：在杳無人煙的沙灘上到處都是被沖上岸的足球。某些球上還能看出葡萄牙文，考察團隊很喜歡「來自科帕卡瓦納*（Copacabana）的足球」這個想法。理論上來說，可能

---

* 巴西里約熱內盧的一個區，有世界著名的海灘，國際足總沙灘足球世界盃的官方場地。

是墨西哥灣暖流將之帶到此地的。我喜歡想像地質學家在這種
荒謬的情況下，把背包丟在沙上，在這片喧囂的荒原上踢起足
球比賽。

＊

　　春天時，命運突然讓我們相遇。不同的人像是約好了一
樣，開始向我提起阿格涅什卡・東布羅夫斯卡（Agnieszka
Dąbrowska），華沙大學化學系分子間力實驗室（Pracownia
Oddziaływań Międzymolekularnych Wydziału Chemii UW）的博
士生，她是波蘭少數研究海洋塑膠的專家之一。熱愛航海的
阿格涅什卡研究海洋環境中的塑膠汙染；南極洲、北極、歐
洲她都涉獵其中。「我們創造了幾乎無法摧毀的物質，將它用
在一次性物品上，這難道不弔詭嗎？」她哲學式地問。第一
個用來取樣的金屬容器（俗稱蝙蝠）從波哥利亞教育號＊（STS
Pogoria）的甲板上放入地中海。她原本不指望會有什麼結果，
但是僅在拖網五海里後就有微塑料沉澱容器之中。阿格涅什卡

＊　用於教育目的之波蘭帆船，船上設有教室。

的「蝙蝠」是網孔直徑二十微米以上的鉻鎳網，但是其他科學家使用的網和她不同。並沒有統一的研究方法。

　　取決於取樣的地區，海洋中的塑膠濃度各有不同。在印度取樣的結果和在英吉利海峽不同。由於微粒存在不同的深度並在各平面移動，所以很難計算數量，甚至也很難識別它們的種類。阿格涅什卡說，在顯微鏡下看塑膠塊，就像在咖啡廳裡聽嘈雜的談話聲，只有用敏感的儀器錄下毫無變化的雜音時，我們才能分出各個音軌，聽出其中的字並組成有意義的句子。甚至還能從嘈雜聲中分出背景音——湯匙敲擊杯子的聲音或是灑糖的聲音。這種精密的儀器就是分光光度計*。

　　藉著固定波長的光引發研究品中的粒子運動，由震動統計圖可以判斷出手上的材質為何。譜上的最大值，也就是圖表上的峰值，就像指紋一樣獨特，不容易判讀。如果雷射光照在普通聚乙烯瓶蓋上不同的點，可能會得到不同的結果圖。這是混合物造成的結果，例如顏料或是增塑劑，但也可能是研究樣品表面結構的問題。

　　除此之外，還有另一個困擾著科學家的問題。目前已知

---

*　用以測量物質對光的反射或透射率，透過計算可知存在其中的物質與數量。

漂流在海上的塑膠會累積、吸附對生物有害的疏水性化合物
——持久性有機汙染物（Persistent Organic Pollutants, POP）。
許多POP都是致癌物質。例如停產許久的耐用物質PCB（多
氯聯苯，Polychlorinated biphenyl），用於電路系統冷卻與絕
緣。或是PAH（芳香烴），用於製造藥品和油漆，同時也是香
菸煙霧的成分。塑膠垃圾也會吸附農藥，像是波蘭已禁用的
DDT*以及和人體荷爾蒙結構相似，會影響內分泌系統的酚甲
烷（Bisphenol A）。就某方面來說，塑膠能和漂在海面上的毒
素結合至少也是件好事，只是分解的塑膠會將有毒的單體排放
到環境中。漂流的塑膠塊會分解出塑化劑——用於增加彈性與
抗氧化、延緩橡膠老化、阻燃或是抗紫外線。

　　人們對於塑膠分解的方式所知甚少，所以得在實驗室裡將
塑膠人為老化。我們知道每年產出的塑膠有幾億噸，卻不知道
它們接著會發生什麼事。在特殊的桶子裡透過水、海鹽、沙子
或紫外線運動來加速其分解；然而，時至今日卻沒有任何一塊
塑膠（除了可堆肥的）能在自然條件下分解成二氧化碳與水。

---

* 雙對氯苯基三氯乙烷，曾用作農藥與殺蟲劑，因毒性高且不易降解，已在
　多國停用。

*

「微塑料」這個術語於二○○四年由普利茅斯大學（University of Plymouth）的理查・湯普森（Richard C. Thompson）教授提出。最初他指的是海洋深處沉積物中的小塊人為汙染[55]。接下來的幾年之間，這個議題引起越來越多興趣，而「微塑料」這個術語也變得不夠精確了。

塑膠碎片根據大小目前分為五種類型：超過一百毫米的巨型塑膠、大於二十毫米的大型塑膠、五至二十毫米大的中型塑膠、五毫米以下的微塑料，以及小於一百奈米的奈米塑膠。不過，我們就別深掘這些只會讓我們頭疼的渾水了。

二○一八年，微塑料被選為西班牙的年度詞彙。微塑料是個駭人聽聞的主題，媒體以各種角度做了報導。人體糞便中的微塑料，波蘭也中獎——以災難性又帶點幽默的標題來呈現。在鹽、蜂蜜和地下水中都發現了微塑料。微塑料在水環境中有兩個來源。主要的——或許應該這麼命名——微塑料是工業製造出的微小粒子，加在各種洗衣粉、清潔液、沐浴乳、霜類產品、牙膏或是去角質產品中。而次要的則由較大的塑膠塊分解而來。就連在洗聚酯纖維製成的衣服時也會釋放出微塑料。每

個動作都會使聚酯纖維從抓毛絨外套溢出。幾年前的調查估計，每年美國約有一百噸微塑料流入海洋[56]。現在的數字肯定會更高。

如果我們現在就擔心微塑料的問題，那麼我們很快就會淪陷於奈米恐慌症之中。奈米粒子也是同時在增長的產業，我們能在油漆、黏著劑、保護性塗料、電子設備，甚至是除臭劑中找到它。它們在生命週期內受熱後與產品分離。這些碎塊不只能在海洋生物中找到，也在淡水中被發現。

別讓奈米的尺寸騙了我們。越小的顆粒越容易移動，並穿過生物體的脂質結構進到肌肉或器官之中。即便是低毒素的奈米化合物也會讓身體產生發炎反應，會影響酶分泌、生長和生育能力，損害身體的自我清潔能力。科學家發現在聚苯乙烯奈米微粒存在的情況下，蚌類會減少攝食。

塑膠奈米粒會在食物鏈中向上移動，從最微小的多毛綱動物和底棲生物到巨大的鯨類；從藻類經由水蚤進到鯉魚的消化系統中。出現了一些理論，認為這些粒子會破壞生物體的化學連接，影響繁殖、營養，甚至是逃避掠食者的能力[57]。

海洋垃圾的問題並不是這幾年才發現的，早在一九六〇年代就在海洋生物中發現過塑膠。據估計，有幾百個物種透過攝

食或是經由呼吸道攝入塑膠，還有一些學會了如何使用塑膠廢棄物。比如說：甲殼動物。在網路上可以找到寄居蟹為保護脆弱的腹部，以沙灘上的飲料瓶蓋作殼的照片。在塑膠時代以前，這些寄居蟹尋找的是軟體動物死去後留下的殼，牠們每隔一段時間就得為長大的身體找新家。寄居蟹們為得到最吸引人的貝殼而爭鬥。塑膠蓋子提供了不同尺寸的庇護所，完美符合需求。

再說，也不是只有瓶蓋能夠當作保護殼。也請看看那些照片，一隻寄居蟹躲在洋娃娃頭上，畫面看似恐怖電影。塑膠越來越多，在海水中老化的垃圾會有越來越多的多孔結構，而細菌易在微小的表面凹陷處滋生。不停移動的漂流廢棄物，對細菌來說是座具吸引力又安全的港灣。

＊

話說回來，我不想給人「海洋垃圾在某種程度上是合理的」這種印象，又或是對此現象感到樂觀。塑膠對海洋生物的種種影響，持續被記錄下來。被留在海中的漁網、捕魚器具、捕蟹器不會停止捕抓。想要親眼見證問題的嚴重性，得去黑爾

戈蘭（Heligoland），一座位在北海的小島，距離德國沿岸只有幾十公里遠。數以千計的鳥兒在島上的紅色峭壁上築巢。很容易就可以用手機拍下北方塘鵝（*Morus bassanus*）繁殖地的照片，因為就緊挨在懸崖邊上，圍欄以上半尺處就能看到。春天是求偶季的開始。還好北方塘鵝對我們的存在並不以為意。一對北方塘鵝在彼此面前展翼、輕啄彼此，然後脖子相扣在一起許久不動。若這不是尋求親密關係與溫暖的舉動，什麼是呢？

　　我喜歡牠們雄偉的飛行，喜歡牠們追趕魚群時衝向水面獵食的英姿；也喜歡乖戾的嘎嘎聲，甚至是像人類一樣與鄰居吵架的作為。北方塘鵝這個名字是從哪來的呢？這種鳥屬於Morus屬（大鰹鳥屬），而Morus來自希臘文moros，意思是「愚笨」。牠們不太聰明，在子孫被傷害後仍守在鳥巢裡，接著被無情地殺害。北方塘鵝每季只養育一隻雛鳥，並給予很多關注。牠們很少讓雛鳥落單。令人遺憾的是，牠們非常不怕人。四月，當鳥兒已經成雙成對時，會開始銜來築巢的材料。幾千年來牠們都以海草築巢，而這幾十年來，牠們則用上了藍色、綠色、橘色的線繩。還有碎漁網。

　　海草在季節後會消失，而線繩會永遠留在這裡。在某些地方可以看到一串死鳥掛在懸崖上。被太陽晒乾的北方塘鵝，

還有崖海鴉（*Uria aalge*）、海鷗又或是三趾啄木鳥（*Picoides tridactylus*）的屍體。在這裡生活的鳥兒有些沒有腳，以被線繩截斷的樹枝支撐身體；一些則被釣魚線纏住，只能等著活活被餓死。二〇一一年的一篇科學文章表示，平均每一窩北方塘鵝含有半公斤的塑膠，整個繁殖地的塑膠重達十八噸半[58]。每年能找到六十隻被線纏住的北方塘鵝。這個問題影響著八十種海鳥。

*

環狀捕魚器具、塑膠袋或是捆裝六罐啤酒的塑膠包裝，都是被以數百張照片記錄下來的問題。我們經常讀到大型海洋哺乳類動物胃裡含有大量人類垃圾的報導。大量無法消化的廢棄物堵住了牠們的消化道。一條在印尼被沖上岸的抹香鯨，經過詳細檢查後，發現牠身上共有一千塊塑膠（人類肉眼可見）。加上牠內臟裡的垃圾，共有六公斤重；裡頭最多的是一次性杯子和塑膠袋，不過也有沙灘拖鞋。印尼有兩億六千萬人口，每年有百分之四十的垃圾進到海中[59]。

動物攝食塑膠會產生虛假的飽足感。肚子裡永遠都有東

西，畢竟一次性打火機是無法消化的嘛。這個問題隨著克里斯・喬丹（Chris Jordan）所拍攝的照片——信天翁（*Albatrosses*）腐爛的屍體與滿是塑膠的內臟，喚醒了大眾的意識。打火機、瓶蓋、一大堆尖銳的塑膠片。克里斯・喬丹為了拍攝棲息於中途島的雄偉鳥類紀錄片，於拍攝照片幾年後再次回到此地。他沒有在紀錄片中注入恐怖的細節，沒有對畫面高談闊論，也沒有用數據使觀眾無所適從。這部片是對大自然的尊敬。他以欣賞的目光對這些主角展現出愛與同情，他試圖讓我們用牠們的眼光看世界。

　鳥兒並沒有對劇組的存在感到威脅，而是讓他們近距離觀察。我們觀察牠們的交配舞，以及彼此間那份微妙的溫柔。上帝禁以擬人之罪，但我願發誓，可以在這裡看到讓鳥合而為一的熟悉姿勢與連結。中途島是天堂，雖然有時也能是地獄。一九四二年這個美軍軍事基地遭受日本攻擊，美軍艦隊與空軍在三天的戰役中取得勝利。廢棄的基地現在似乎是個無可打亂其自然節奏的地方，但這都只是表象。沙灘上堆滿了垃圾。當雛鳥破開蛋殼來到世界上時，導演也讓我們看著牠們慢慢垂死。許多鳥無法逃過父母餵食牠們的有毒塑膠物團。信天翁信任海洋，旁白說，牠身上的每個分子都來自海洋。牠又怎麼會知道

海洋是一大鍋聚合物湯？

　　暴雪鸌（*Fulmarus glacialis*）是其中一種可以用來判斷海洋汙染程度的指標性生物。這種鳥在第一眼看去時和海鷗並無太大的不同，海鷗也時常在陡峭的懸崖上築巢。暴雪鸌是優秀的飛行家，在灰色的窄翅膀下能抓住最輕的北風氣流。如同牠的遠房親戚——信天翁，暴雪鸌也能飛行數小時。暴雪鸌有著淺色的頭和粗脖子，以及長得很奇怪的翅膀，像是長在身體的正中央，而不是像海鷗一樣在頭後方。或許這就是為什麼牠有如一架適合飛在浪尖上的小飛機。不過，最令人驚訝的是牠的喙，經由連著單管狀的鼻孔，能把多餘的海鹽排出體外。牠有——鳥類少有的——靈敏的嗅覺，但這也無法使牠免於塑膠的傷害。過去，棲息於北海的暴雪鸌中有百分之十身上帶有塑膠；而現在卻是將近百分之六十的暴雪鸌胃裡有著塑膠[60]。

＊

　　什麼能真正激發想像力呢？不是深入的研究、不是花費數年、複雜的水體分析，也不是以冒險推斷而來的情緒化、籠統的口號；誠實的科學家應附上大量不吸引人的補充說明。例如

這種：「三十年後，海洋中魚的數量可能會比塑膠還少。」

　　據估計，自二○一五年起，每年有八百萬噸的塑膠流入海洋[61]。微塑粒無所不在，洋流將之帶往地球上杳無人煙之處。海洋每天都會把我們的垃圾還給我們。在沙灘上散步時，我們總能認出來，因為那是所有人都會製造的普遍垃圾：飲料瓶蓋、棉花棒的管子、包裝。一場令人存疑的遊戲，但又像採蘑菇一樣令人興奮，尤其是每天都有新的東西出現。每一趟散步都是個驚喜。

　　撿沙灘上的垃圾是最受歡迎的清垃圾方法。在Instagram上#beachcomber（中文：海濱拾荒者）標籤幾乎被用了三十八萬次，#beachcleanup則被用了二十八萬次。我追蹤某些帳號。我喜歡minibeachcleanera，他每天都會分享自己的新發現。分享還是誇耀，這在社交媒體時代很難分辨出來。已別無不同。看別人的貼文、按下愛心或標註都是某種生理衝動。我們覺得自己很重要，覺得我們在做的事意義更重大。社交媒體不只是病態、假新聞、虛榮心和不斷播報著某人的人生，也可以成為發聲管道。來自英國康瓦爾郡紐林鎮（Newly, Cornwall）年僅十三歲的小沙灘清潔員每天都會撿垃圾，通常就只有幾個垃圾。幾個月以來，他幾乎每天都會找到一些小的塑膠泳池過濾

器——不知名的船遺失了身分不明的貨櫃。

　　清掃越來越受歡迎。不久前有人談到環保慢跑，也就是將慢跑與撿垃圾結合。跑者在每天跑過的路上撿垃圾。清垃圾挑戰也很熱門——一群自發的民眾一起撿垃圾，以強制性的自拍收尾。我這樣寫並無惡意。某個人收集破瓶子四個小時、從河裡拖出生鏽的廢金屬，或是拉出廢物堆裡瓦解的地毯，都足以獲得獎牌，或是得到幾個讚。粉絲專頁「Ej, nie śmiec」（欸，別丟垃圾）的作者格里高茲在華沙非常活躍，他發表了很多環保趣聞；而整個波蘭都響應了安娜‧賈克萊維奇（Anna Jaklewicz）的「以書換一袋垃圾」活動。參與社區打掃活動的民眾都會收到出版商贈送的書。

　　當然也有一些規模更大的活動。幾年前推行「為垃圾而釣」活動，付費給漁夫釣起海洋垃圾。目的是為了清理，也為了提升環保意識。共有三十座港口參與這項活動，約有四百艘船隻裝上特別的袋子在捕魚時收集垃圾。社區國際環境組織（KIMO）的報告表示[62]，每年每艘船因海洋垃圾造成的引擎修理、捕撈設備損壞和清理漁網的費用就超過一萬五千英鎊（譯按：約臺幣五十四萬）。

　　還有「省略地球」（Ellipsis）（之前叫「塑膠潮」〔Plastic

Tide〕）以無人機和人工智慧做了全球的汙染地圖。演算法學習自動辨認並計算照片中的垃圾，省下時間與人力。根據該組織的數據，僅有百分之一的垃圾是看得見的，其餘的都沉入海中、被動物吃掉或被岸上的沙子掩埋了。說實話，我們並不知道進到海裡的幾百萬噸垃圾會發生什麼事，沒有相關資訊我們就無法有效防止汙染。這項計畫主要目標是辨別垃圾聚集的地點並隨時追蹤。

　　柏楊‧史萊特（Boyan Slat）十九歲時設立的海洋清理基金會（The Ocean Cleanup）自二〇一三年起開始運作，其組織宗旨為清理海洋的漂浮塑膠塊。除了有私人贊助者資助海洋清理基金會，大型贊助商如快桅（Maersk）、德勤（Deloitte）和荷蘭政府也參與其中。這項行動多次優化後，現已在實踐中——使用漂浮的屏障借助風力、洋流與浪潮在水中移動，被動攔截海中的塑膠。有些科學家注意到，這個設備同時也會捕獲海中的浮游生物[63]；史萊特似乎沒有注意到牠們的存在。撈起的塑膠將被回收，有鑑於塑膠材質的汙染性及較高的降解度，這會是項艱難的任務。二〇一九年十月底，該組織發表了另外一項新技術——於河水中收集塑膠的設備。基金會潛心關注那些夾帶最多垃圾進入海洋的河流，雖然有所疑慮，仍對這項計畫

投入許多熱情。泰國與洛杉磯郡都表示願意加入計畫。

　　這個話題似乎不斷出現在媒體上，並普遍提升人們的意識。連鎖超市維特羅斯（Waitrose Limited）帶來了鼓舞人心的有趣數據：百分之八十八的觀眾在看了英國廣播公司（BBC）大衛·艾登堡（David Attenborough）的《藍色星球2》影集後，改變了自己的消費習慣。紀錄片推出後，英國地區的搜尋引擎指出與回收有關的關鍵字搜尋量暴增，參加英國淨灘（Great British Beach Clean）活動的人數每年都有所增長。這個活動很難被忽視，而壓力也迫使大型垃圾製造者做出聲明。《英國塑膠公約》（*UK Plastics Pact*）開始在英國運作，這是一個跨公司聯盟（成員包括可口可樂、利多超市〔Lidl〕、特易購、聯合利華），要求成員在二〇二五年以前，達成完全使用可重複、可回收或可堆肥的包裝。

　　真是感人。要是在二十或三十年前就開始防止製造垃圾呢？在那環保還不流行、沒有自我推銷工具的時代？一九五〇年代，如可口可樂或飛利浦這種大公司建立了以社會教育為目標的非營利組織「保持美國之美」（Keep America Beautiful）。一九七〇年代，他們透過一支短片宣傳，穿著部落服裝的印第安人看到遍布滿地的垃圾而哭泣。「人類可以開始汙染，也可

以停止汙染。」——旁白下了結論。隨這個廣告而來的是明顯減少汙染物，同時也將注意力從生產包裝的公司上移開，將罪過歸咎於消費者。展開宣傳的同時，企業的律師反對施加更多經濟責任在生產商身上，也反對迫使他們設計可回收的包裝。

　　值得一再提起：問題不是可回收與否，而是塑膠物質的規模超過可回收的限度。沒有人可以處理這麼多垃圾。

　　目前可口可樂年生產量為八千八百萬瓶[64]。

＊

　　我喜歡齊別根紐・赫伯特（Zbigniew Herbert）的《帶馬嚼子的靜物畫》（*Martwa natura z wędzidłem*），尤其是那封據稱是一九二四年在萊登的古董店裡發現的信。三張保存良好的紙和清晰可讀的文字，被貼在一六五一年於阿姆斯特丹出版的浪漫小說《天鵝騎士》（*Knight of the Swan*）的封側上。寄件人是荷蘭畫家，沉默、專注大師維梅爾（Vermeer），收件人是完善了顯微鏡的科學家，雷文霍克（Leeuwenhoek）。很可惜，這封信可能是偽作，不然歷史學家就找到寶了，能就此揭開偉人們生活的神祕面紗。不過以如此優美、明智的方式來述說重要

的事情，就算是篇幻想文學又何妨呢？

「幾天前你在新的顯微鏡下給我看水滴。我一直在想，水透澈得像玻璃，同時又有奇怪的生物蠕動其中，像波希筆下的透明地獄。」據說這是維梅爾寫的。他說，雷文霍克以帶著惡意的滿足感說：「這就是水。」維梅爾聽出了背後的意思，他認為科學家在表達自己的優越感：藝術家記錄了「表象、影子生活、世界的欺騙面」，卻「沒有勇氣與了解事物本質的能力」。科學家是真理的主人，而藝術家就像「在幻覺中工作的工匠」。維梅爾生氣了。「每個新發現都會開啟新的深淵」，而我們「在神祕、空虛的宇宙中越來越孤寂。」他指責回應雷文霍克。

為什麼我要不知恥地草草帶過這篇優秀的偽作呢？因為我活得像維梅爾一樣，雖然在我看來，我比他更相信科學，也盡量不看向「新的深淵」。我想知道我的牙齒差點在 La Cambusa 餐廳斷掉的原因。我把這顆珠子帶給阿格涅什卡・東布羅夫斯卡，她把珠子放在拉曼光譜上（Raman spectroscopy）。我們在不同的放大鏡下看這顆珠子：在十倍的放大鏡下，它的表面看起來有條紋，像是普通的燈絨褲花紋；在五十倍的放大鏡下，我們深入了一條裂縫之谷。我頭很暈，因為我看見了水滴裡的

怪物。我看到的是個我不曾懷疑過的結構，某種閃亮的平面，像被塑膠懸崖包圍的湖泊。放大五十倍的珠子碎片，看起來像是空照圖，由在阿富汗山區追蹤塔利班的無人機所拍下。

　　阿格涅什卡每隔一段時間就會改變雷射的設定：光照的範圍、曝光時間、重複次數。電腦頻頻丟出新的結果，但這些結果並沒有讓我們更接近真相，我們仍舊無法得知我們手上的究竟是什麼材質。珠子的表面被海浪、沙粒和陽光磨損，產生了向上彎曲的弧形讀數。二〇一八年，我們產出了三億五千九百萬噸（比二〇一七年多了一千一百萬噸）的各種塑膠，但我們竟然無法辨認它們[65]。如果我們不知道手上的東西是什麼，要怎麼知道接下來該怎麼做呢？損壞、無法辨認的塑膠是無法回收再利用的。只能把它燒了。一個小時後，圖表上出現了典型的階梯圖樣，阿格涅什卡說我是個幸運兒，因為一小塊塑膠常常得花上好幾週才能分析出結果。我的這顆小珠子最有可能（還有一小部分的不確定性）是聚苯乙烯。

　　我們比較熟悉的聚苯乙烯形式為發泡材質的食物外帶盒；它的另一個化身是保麗龍，是基本的居家絕緣材料，也是造成基本回收問題的材料。便宜、重量輕、體積大——只要六公斤的保麗龍就可以塞滿容量兩百一十公升的冰箱。人們不太清楚

要怎麼處理它，尤其它又容易碎成小塊。運送它也很不划算。有報導指出磨坊的麵包蟲吃了保麗龍[66]，這給我們帶來了希望。結果牠們並無意吃保麗龍（牠們的體重減輕），而目前科學家也沒有成功分離出能消化聚苯乙烯的消化酶。要工廠雇用百萬隻蟲來處理保麗龍的可能性不大。聚苯乙烯也用於一次性餐具（二〇二一年七月二號的指令中已禁用），牙刷、刮鬍刀——一堆不必要的廉價垃圾。我不知道為什麼我會覺得我的小珠子會是特別、稀有且有價值的東西。我才知道自己得到的不是詩歌，而是散文——平庸如聚苯乙烯的散文。

2018年8月8號
約莫14：15, 50°40′33, 8″N, 22°53′33, 4″E

　　森林裡很安靜。空電鋸油罐和啤酒罐散落四處。我耐心地收拾，直到一個被踩進泥濘裡的細長、銀色噴霧罐吸走我的注意力。我看到罐上的蒼蠅圖樣，讀了上面的字：дилхлофос препарат инсектицид（敵敵畏殺蟲劑）。凹陷的容器背面寫道：價格1盧布。製造商：斯拉夫戈羅德阿爾泰化學廠（Slavgorod PO Altaichimprom），生產年份：1991。一九九一年——蘇聯體系猖狂的尾聲。不斷增長的赤字、犯罪猖獗，薪水能買兩包萬寶路香菸。

　　就算世界末日——抱歉，蘇聯——即將到來，迷失在庫倫達平原（Kulunda Steppe）上的阿爾泰化學廠還在持續生產。聯合公司的一幢建築寫道：「為了更好的生活，必須更努力地工作[67]」。這在一九九一年時聽起來有點諷刺，斯拉夫戈羅德這個離新西伯利亞（Novosibirsk）四百公里遠——離鄂木斯克（Omsk）也一樣——的地方，沒有能過上好生活的條件，又要做上多少事？阿爾泰化學廠至今仍在營運，在此期間還成為幾

起財務醜聞的主角。聯合企業*的網站被導向色情網站。

那殺蟲劑本身怎麼樣了呢？敵敵畏（dichlorvos, DDVP）用於抗蟲，但也引起了擔憂，因為它的使用範圍不僅是殺死蒼蠅這麼單純。它的祖先是可怕的戰爭用神經毒劑。敵敵畏本身並沒有完全失去掠奪的本能。國際勞工組織（International

---

*　前社會主義國家中的工業集團聯合體或信託。

Labour Organization）的網站上對敵敵畏的描述中包含了許多驚嘆號。攝取或皮膚接觸敵敵畏可能致命，而長時間暴露在敵敵畏的環境下也可能損害神經系統。對於水生生物毒性很強。歐盟國家（與英國）已經禁用敵敵畏。

　　所以說，敵敵畏在什切布熱什景觀公園（Szczebrzeszyn Landscape Park）的山毛櫸（Fagus）樹林裡做什麼？阿爾泰化學廠的產品在整個蘇聯區域都能取得；可能出現在史蒂芬尼德

薩廣場*（placu Stefanidesa）的市集攤位上，或是城市公園的攜帶式躺椅邊。有個不想被蚊子咬的人買了敵敵畏來這裡，或許不知道它會使DNA受損而用了它；不知道這會促發注意力不足過動症[68]（ADHD）而噴在自己孩子身上。用完的敵敵畏就落在峽谷的斜坡上。它在那躺了多少年？上面的文字還清晰可見；因為鋁具有耐腐蝕的特性，由於鈍化現象──表面會被一層有絕緣效果的氧化物蓋住。

　　在波蘭無法合法取得敵敵畏，但是在烏克蘭就是另外一回事了。花樣可多了。批發購買非常划算，一罐甚至只要二十赫里夫納†（譯按：約十七塊臺幣）。這個價位可以買到印有名字很吸睛的敵敵畏──摩耳甫斯‡（Morfej）。若這太枯燥，也有薰衣草香味的Dichlorfos Eko。在購物平臺otzovik.ru上，來自鄂木斯克的用戶盧莎沃奇卡寫說她從小就知道敵敵畏。她的父親以前是軍人，所以他們常常搬家，這出色的殺蟲劑每次都幫上他們大忙。我想像那些在漢德加（Khandyga）或中科雷姆斯

---

*　位在波蘭東部城市札莫希奇（Zamość）。
†　烏克蘭貨幣單位。
‡　希臘神話中夢神的名字。

克（Srednekolymsk）地區，荒涼的赫魯雪夫樓＊與跟莫斯科人†（Moskvitch）一樣大的蟑螂。盧莎沃奇卡對敵敵畏的薰衣草味感到很滿意，因為原本令人窒息的化學氣味很不好聞。價格仍舊實惠。盧莎沃奇卡預言敵敵畏的生涯還很長。

＊　在俄羅斯、烏克蘭等前蘇聯國家常見的低廉公寓樓。
†　蘇聯與俄羅斯的汽車品牌。

四、雷歐妮亞

　　如果你得幫小報的新聞下標題，這樣或許就夠了：「馬可波羅對忽必烈講述他造訪過的城市」。但這種過目即忘的標題沒有意義，因爲在伊塔羅・卡爾維諾（Italo Calvino）的《看不見的城市》（*Invisible Cities*）中，馬可波羅的行動並不是重點。我在這一九七二年寫下、故事力與想像力並兼的著作中

迷失了自己。其中，有些故事和我們的現實生活只有微弱的關聯，有些則栩栩如生，聽起來令人熟悉又不安。比如雷歐妮亞這篇故事：

　　每天早上，人類在乾淨的床單上醒來，用剛撕掉包裝的肥皂漱洗，穿上新的浴袍，從最新型的冰箱裡拿出未開過的罐子，聽著最新型的錄音機裡傳出來最新的廢話。

　　人行道上，整齊的塑膠袋裡包著雷歐妮亞昨日的殘骸，等著垃圾車到來。不只有擠光了的牙膏管、燒壞的燈泡、報紙、容器、包裝，還有暖爐、百科全書、鋼琴、瓷器：雷歐妮亞的財富不是以這些每日生產、售出、購買的數量來衡量，而是以為了清出位置給新東西而丟棄的東西來計算。於是你問自己，雷歐妮亞真正熱衷的是否如他們所說，享受不同的新東西而喜悅，還是以反覆丟棄、排除、清理不潔而感到快樂*。

---

* 摘自《看不見的城市》譯本；伊塔羅・卡爾維諾；譯者：Alina Kreisberg，華沙，2005。

＊

　　在我們的世界裡，尤其是在城市中，許多事情都在我們的意識之外，所以我們不會注意到。我們花錢買方便。付電費、瓦斯費，貢獻大樓修繕費，以免屋頂哪天漏水。有人會搞定，有人會確保水龍頭流出水來。垃圾也是如此——有人會讓它消失。二〇一八年，波蘭收了近一千兩百五十萬噸的城市廢棄物[69]（根據產業數據是一千三百五十萬噸）。我們日常的垃圾，數量緩慢但確實在上升。目前波蘭每位居民每年產出三百二十五公斤的垃圾；和西方國家相比，這個數字不算高。歐盟的平均值是四百八十九公斤[70]。

＊

　　我想知道我的胡蘿蔔皮、奶油起司罐或是貓砂最後怎麼了，但是這條小路斷得是出乎意料的快。從我家收走垃圾的華沙市清潔隊熱心地幫助我，只是看來「收走」並不代表「處理」，華沙市清潔隊把我的垃圾交給另一間公司。不過接觸這間公司就沒這麼順利了。我寫了信，打了電話，我很肯定地聽

到了他們說有人會回我電話。然而「有人」認為我造訪該公司沒有好處，而我也沒有堅決到想晚上潛入垃圾處理公司。如果連追蹤我們誠實丟棄的垃圾都這麼難，要怎麼慚愧地說出危險廢棄物被藏在第三世界國家？

話說到這裡，我常聽到有人說，我們這些開明的歐洲人認真做垃圾分類，而亞洲人都直接把垃圾扔進海裡。就這句話的意思，那些刻板印象中的貧窮國家——我們飛去享受便宜假期——的人民，破壞了我們為爭取環境整潔所付出的努力與犧牲。人們對此十分憤慨，畢竟他們帶著可重複使用的瓶子去上班，還用窗簾做成的袋子購物。哦，沒什麼事情是不公平又沒道理的，就像指責第三世界國家的居民亂丟垃圾到海中一樣。是我們沒有注意到，消失的垃圾是發達國家的特權之一；在多數人都活在貧困線以下的國家，並沒有任何基礎設施來收集與管理廢棄物。

現在我們也知道了，乾淨、規劃良好的西方世界，將一大堆垃圾送到那些沒有完善規章的地方去。送到某個充滿好奇心的議題活躍者或記者不會去的地方。送到世界的另外一端，遠到我們覺得無所謂的地方。我們還知道，很多垃圾送到了波蘭。我讀到某政黨在政見中提出對外國垃圾關上國門；這對我

們或許是件好事，但是這些垃圾不會消失，一定會找到某個願意收留它們的國家。我們又怎麼能表現得好像與我們無干？

*

　　垃圾車之旅由正名開始。正確來講，是由同理心開始。對人類這種使用語言的生物來說，詞語有基本的價值。我們不會說「垃圾人」。這完全不是某人耳朵的問題，也不是太敏感的問題，畢竟每個人聽起來都能感受到藏在其中的鄙視。我不意外帶走我們垃圾的人不喜歡這個字。他們說：「垃圾人是那些丟垃圾的人，而不是清理的人。」用行話、服務業的語言來說，他們是「清潔隊員」和「清潔隊司機」。可能比較饒口，但必須這樣稱呼：比較適切、貼近事實。

　　那垃圾車呢？這是一個沒有人會爭執的字，實用且不會冒犯任何人。但就語言的形式來說，垃圾車也不是垃圾車。它是一部垃圾收集車。

　　清潔隊員的工作不被尊重。他們處理的東西到底還是廢棄物，是多餘的東西、被丟棄、鄙視的東西，是要從視野內移除的東西。我們對垃圾的態度被轉嫁到在我們家樓下收集它們的

人身上。在每個地點停下時，垃圾車後面會形成緩慢的車流；停得久一些，後面的車便會開始按喇叭。人們會暴躁地下車大喊，他們急著要去上班，去辦自己的事，帶著不耐煩的手勢打起電話。他們可沒有那個美國時間。「是還要多久？」

　　有那麼一下子，我幻想起一場偉大的抗爭，清潔隊員與司機讓人們自生自滅；幻想起人們瘋狂亂丟，而城市被淹沒在垃圾之中；幻想這些忙碌的人只能擠在垃圾走廊上走路；幻想著抹布、西瓜皮和裝過肉的盤子雪崩似地落在他們身上；流著汗的他們試圖爬上垃圾坡，想知道他們到了哪裡；幻想他們被碎玻璃割傷；因害怕遇上四竄的老鼠而顫抖。我在想這個城市聞起來是什麼樣子，我們該如何學習與臭味共存。有特權的人當然會有專門的氣味吸收器，昂貴且高耗能。還有特別被高牆圍住的飛地。如此一來，這些富有人家與他們的孩子就能在乾淨的環境下生活。

　　司機會對著垃圾車按喇叭。沒有人敢對消防車按喇叭。沒有人會對救護車司機大呼小叫。我們來到一個新街區裡有保全的社區，警衛一步步跟在我們身後，只是顯然無所作為。他只是假裝自己是個警惕的警衛。居民們大概不喜歡外人出現在他們的地盤上。此時，清潔隊員正默默地履行自己的職責，任勞

任怨。這是工作。收集垃圾並不是天職或樂趣。這從來就不是備受尊敬的職業，但是以前有著高額的薪水。

　　清潔隊員馬克先生一九九〇年代初期在波蘭內閣辦公室擔任司機，負責載送重要人物，但是只能勉強維持生計。他發現收垃圾可以賺到的錢是他薪水的兩倍，擔任清潔隊員曾經是他的第二份工作。畢竟每個人都有東西要處理掉。馬克先生擔任清潔隊員近乎三十年，各種事情見怪不怪；也聽過各種事情，但是對此他笑得很神祕。這個新社區執行垃圾分類，但是我們在黑色的一般垃圾桶裡什麼都看得到。廚餘、尿布、餐盒、瓶子、家庭小整修後留下的瓦礫。在空空的塑膠類桶子裡，躺著一雙高跟鞋。

　　這臺垃圾車是新的，裡頭很乾淨。清潔隊司機塔德先生打趣地看著我，說若想知道這臺車的缺點，得在裡頭坐上八個小時。「嗯……」他過了一會兒才承認：「新的很漂亮，但是我跟你說，舊的，那臺比較醜的，比較寬敞。」確實如此，要把三個大男人擠進這臺車是有點困難。在中間的人得縮起腳側身坐，一天裡大多時間都得保持這個姿勢。這份工作很辛苦，無論晴雨都得上工。十一月頂著傾盆大雨，二月手指凍得失去知覺，七月面對令人昏沉的熱浪，而垃圾的臭味令人頭痛。只

是，這些氣味可以習慣，不能習慣的是居民對清潔隊員的態度，就像對待僕人一樣，對他們發脾氣、表現出高人一等的姿態，或是羞辱他們。

＊

垃圾車讓我聯想到正在填飽肚子的圓胖大蟲子。所有和垃圾行業相關的東西，都令人想起與消化系統有關的怪異類比。無止盡的攝入與排泄循環。鋼鐵怪手抓住垃圾箱，向後倒出垃圾，直接進入壓實機。垃圾落入滾筒內。車內的電腦接收安裝在桶內的晶片傳來的訊號，在旁邊的面板上顯示收集地址、載物重量、已付費的桶數。數據會傳到資料庫裡。我們的垃圾都經過嚴密計算，「所有垃圾都丟在一起」這不朽的說法只是個都市傳說。現在每份垃圾都是單獨收集的（有時不同種類的垃圾由不同的垃圾車來處理）。

不過，那些被剝奪使用功能、無力避免成為廢棄物的物品，它們的旅程由家庭垃圾桶開始。確切來說，是從垃圾袋裡開始的。五十年前，在塑膠大爆發和催生出一次性物品的拋棄式文化出現以前，垃圾袋還是個神奇的東西。袋子是如此

衛生、方便，它在家庭裡的地位似乎不容質疑。畢竟沒有人喜
歡總是髒兮兮的廚餘回收桶或一般垃圾桶。垃圾袋是加拿大發
明家哈里・瓦西利克（Harry Wasylyk）和賴瑞・漢森（Larry
Hansen）的傑作。瓦西利克在他的廚房裡，用低密度聚乙烯，
以擠壓法、也就是將加熱的塑膠擠進模具內，做出了垃圾袋的
原型。第一個垃圾袋是綠色的，是爲了防止小兒麻痺病毒擴
散，替溫尼伯（Winnipeg）的一間醫院而製成。一九六〇年代
末期，垃圾袋開始大量生產。

＊

　　第二堂垃圾車課程。這次要收集我以前住的那區公寓的垃
圾，我在那裡住了三十多年。我已經一段時間沒來這裡，不過
看起來並沒有改變太多。我預期這裡的垃圾分類只是做做樣
子，因爲二十多層樓的公寓裡有著上一個時代的產物──垃圾
滑道，以前所有東西都會一起進到掩埋場。這裡分類好的垃圾
可以丟進個別桶子裡，只是桶子離家好幾百步，就我從桶子裡
找到的東西來看，大概很少人願意給自己找麻煩。

　　一般垃圾子母車。聖誕節後的第一趟班次。成堆的禮物包

裝紙、袋子、緞帶、門票和玩具紙箱。成疊的裝箱單、一些發
票、禮物訂單、帶口袋的針織外套和有鬥牛犬圖樣的衣服。寫
給聖誕老人的信和舊考卷。小朵羅塔拿了滿分。第四題:「薇
洛妮卡有20元,她買了一組8元的卡片,她還剩下多少錢?」
答案:「薇洛妮卡還有12元。」小朵羅塔對數學下了很大的功
夫。此外,垃圾桶裡還有一大堆擦過鼻子的衛生紙,一點也不
奇怪,畢竟零度上下的氣溫正是每年的流感季。還有很多廚房
紙巾。方便、一次性又衛生。美國每年丟掉三千三百萬公斤用
過的衛生紙、面紙和紙巾[71]。沒有回收的機會。我想到那些樹,
它們幾十年的生命中,最後的痕跡是怎麼消失的。就像最後雞
排長得不像雞,衛生紙也長得不像樹。

　　下一堂垃圾車課:「認識我童年時居住的街上的祕密生
活。」馬克在二十一號門前如實警告:「小心,這裡總是有蟑
螂。」的確,就像他提醒的一樣,蟲子令人厭惡地在袋子上亂
竄。下一站,馬克警告:「會很臭。」我的天……寫下這些字
的時候,我正吞下口水,因為這股惡臭讓我作噁。我沒有走進
棚子裡。我小學的垃圾箱裡,廚房的湯湯水水已經在塑膠袋內
爛了一星期。一隻老鼠從商店旁的土耳其烤肉攤竄出來──這
不是土耳其菜的問題,酒吧和餐廳附近也經常能遇到肥嘟嘟的

垃圾桶生物。

　　好吧，有什麼能改善的呢？清潔隊員認為塑膠類垃圾收得不夠頻繁，目前這裡一星期只收一次。雖然規定（由華沙市政府通過）是最少兩週收一次，但其他地方收集的頻率比較高。很難想像我的垃圾桶整整兩週沒清空會是什麼樣子。「畢竟每個人都知道垃圾有多少。」當塑膠類垃圾桶滿出來的時候，人們會把小心分類好的垃圾丟進一般垃圾桶裡。在我數學家教老師家樓下，有人把聖誕球的碎片、纏在一塊的裝飾流蘇和狀似戈耳狄俄斯結*的聖誕燈丟進寶特瓶回收桶裡。聖誕球可以回收嗎？我不知道，但或許沒必要對一種材料在循環經濟中流轉與無盡的回收懷抱幻想。永續運動是不存在的。

＊

　　清潔隊員當然都受到尊貴的待遇，他們清除昨日廚餘的任務被沉默的敬意給圍繞──像是激起奉獻之心的儀式，又或者就只是因為沒有人願意為丟棄的東西後續而

---

*　神話故事中一個難解的結。

煩惱。

　　沒有人問過自己，清潔隊員把每日載走的東西帶去了哪裡：當然是城市之外；但是城市每年都在擴張，垃圾場也得移往更遠的地方。（……）另外，雷歐妮亞越是優化出新的材料，垃圾的材質越好，經得起時間與天氣的考驗，抗發酵與抗燃的效果也越佳。雷歐妮亞組成的堅固堡壘圍繞著雷歐妮亞，如高原般從四周聳起。

　　（……）

　　它們堆得越高，崩塌時的危險性就越大：只要一個罐子、廢輪胎、破損的瓶罐滾向雷歐妮亞，就會有一波不成對的鞋子、舊時的日曆、乾枯的花朵將城市淹沒於自己排斥的過去，與鄰近城鎮混在一起，直到被清理乾淨：這場災難（……）將抹去這座總是穿著新衣的大都會的所有痕跡。

＊

　　BYŚ公司友善回應了我想參觀工廠作業的請求，他們負責收集、處理來自華沙幾個區和市郊小鎮的廢棄物。他們的廠區

很現代化，有一些值得誇讚的地方。這裡的分揀能量可達每年三十萬噸的社區垃圾，這之中有一半是一般垃圾。我很快就迷失在錯綜的輸送帶之中，它們就像出自艾雪（Escher）的畫一般。有的移動得比較慢，有的快一些，過了一會兒我便分不清楚哪些往上移動，哪些又是往下。首先，滾筒裡的一般垃圾會被分成兩組。小塊金屬和塑膠回收後，八公分以下的有機廢棄物會被穩定化（充氣和灌水，使廢棄物不會發酵，並降低其中有害物對環境的影響）。這些被稱爲「輕垃圾」。比較大的無機廢棄物，也就是「重垃圾」，會通過一條複雜的作業線。

　　由磁鐵開始，從水流中吸出鐵與非鐵金屬，光學分揀機接著處理塑膠和紙類。輸送帶作業很快，以至於我無法跟上追蹤每個物品。分揀機又是如何運作的呢？機器射出紅色光束並分辨材質，而特殊的噴嘴會將物品吸至所屬類別的位置。未被分揀到的廢棄物會再次送上輸送帶，進行二次分揀。

　　分揀場也有人在工作，在專門的小房間裡將紙箱、透明與彩色薄膜、金屬、PET*瓶和玻璃瓶從輸送帶上取下。機器分揀過後還會有人工再次過濾。當我們經過旁邊時，我們經濟成

---

* 聚對苯二甲酸乙二酯，生活中常見的樹脂，寶特瓶的原料。

長中安靜、無聲、辛勤工作的角色perestajut rozmowliaty（烏克蘭文：他們停止說話）。場內有點臭，但比我想像中要好很多。一臺特殊的大砲在場內芬芳空氣，中和廢棄物的氣味。BYŚ也有在波蘭罕見、能處理建築廢棄物的設備。將瓦礫轉化成骨料*，可用來做成，比如說：道路鋪底的道渣。

　　歐盟廢棄物分級制度中將掩埋列在最後一位[72]。這應該要是不得已才使用的方式。根據法律，所有垃圾都應該在送往垃圾掩埋場前進行分揀，這也包含了一般垃圾。自二〇一六年起便禁止掩埋熱值超過六兆莫耳的高熱值廢棄物；而這包含了食品包裝的塑膠。只是實際情況真的是這樣嗎？很遺憾，歐洲（與土耳其）收集的塑膠類垃圾之中只有百分之三十二被回收，百分之二十五被掩埋，百分之四十三進了垃圾焚化爐[73]（在這份統計中，有百分之四消失得無影無蹤）。

　　怎麼會就算有規範塑膠的法律，它們還是沒有去到它們該去的地方？在波蘭，法律有其灰色地帶。許多垃圾掩埋廠認為消費者已在家裡落實了垃圾分類，所以一般垃圾就直接進了焚化爐或是掩埋場。要落實分揀和處理，必須擁有現代化的設

---

* 混凝土的成分之一，起骨架用。

備，不是所有處理商都能負擔得起適當的機器設備。一個工廠並不能代表所有的工廠，分揀系統能精密謹慎、多工，也能完全只是象徵性。可悲的事實就是，端看所住的區域以及得標的垃圾清理公司，我們廢棄物的命運將大不相同。

＊

今日我們所有需要計算、記錄的東西都會寫在Excel上。可以做出數據圖，數據總會顯示出某種結果。數字冷漠卻準確。無可撼動。客觀。我們整個世界都建立在這種假定之上，儘管這是錯的。該如何達到回收的水準？利用一些小手段便可。西方國家擺脫垃圾的方法就是賣給較不發達的國家。例如，英國沒有適當的設施來處理自己百萬噸的垃圾，所以就把它們送出國，這樣比較便宜。照理來說該被回收的垃圾最後進了掩埋場。給出垃圾的人對它們的命運不感興趣，這些人有回收證明文件，他們問心無愧。統計數據一致。這樣大家就滿意了嗎？

問題是，就算把眼睛閉上，垃圾也不會消失。二〇一八年初，當全球最大的塑膠垃圾進口國——中國——關閉了市場，

這個問題變得炙手可熱。垃圾太多了，汙染開始失去控制。中國只想接收真的能夠處理的乾淨塑膠。因此，西方國家快速為自己的垃圾找到了其他市場。跨國運送垃圾根本不稀奇，許多專門的工廠甚至從地球另一端進口某些種類的廢棄物，只要計算好就行了。然而我們說的垃圾，是那些無用、骯髒的廢棄物，最多就只能燒掉。波蘭搞不定自己的垃圾，還進口了大量國外的垃圾，以及未必能回收的材料；數據是這樣說的。

　　幾年來，垃圾焚化廠的火災次數不斷攀升，並於二〇一八年春天達到高峰。事實證明了那些堆在倉庫和大廳裡的廢棄物不太適合處理。當空間越來越不足，或是許可證用完時，垃圾山就會被濃煙送上天際。茲蓋日（Zgierz）一間大型垃圾掩埋廠引起了持續一週的火災就是個例子，該掩埋場於二〇一八年五月底陷入火海。當英國人發現本該由「綠色科技方案」（Green-Tech Solutions）公司回收的幾百噸精心分類的廢棄物，出現在該公司的垃圾山上時，他們不得不將這饒口的城市名掛在嘴上。英國《每日郵報》（*Daily Mail*）的記者大衛・瓊斯（David Jones）在火災現場令人沮喪的報導中描述了Loyd Grossman義大利麵醬、森寶利超市（Sainsbury's）的燻火腿以及其他典型的英國包裝垃圾[74]。後來專家們評估，該垃圾掩埋廠

的設施根本無法處理這麼大量的廢棄物，而堆積的那些塑膠品因品質問題也無法進行處理。

　　波蘭僅是其中一個於中國退出市場後，決定入場獲利的國家。真正的垃圾洪水淹沒了馬來西亞、印尼和越南──無法對大量塑膠進行適當回收的國家。馬來西亞在二○一八年上半年接收了近五十萬噸的外國塑膠。在這裡焚燒甚至也沒有標準可言。這些國家的統治者不得不採取嚴格的措施來防止生態劫難。許多不乾淨的社區垃圾容器、標有可回收標誌的塑膠被送回出口國。回到英國、西班牙、加拿大[75]。還有美國。把垃圾送到沒有按照標準處理廢棄物的國家，這種作為至少從一九九二年就開始了（那時出現了證據）[76]。

＊

　　BYŚ公司的發言人卡羅・沃伊奇克（Karol Wójcik）告訴了我廢棄物產業的狀況。存有一絲曙光。二○二○年，廢棄物資料庫啓用，這是一款方便且對大眾開放的工具，用以登記所有相關參與者，包括讓需要做回收的產品進入市場的公司，以及處理廢棄物的公司。我們可以在系統上查看，這些公司是否

有相應的許可與能力。廢棄物的行蹤都被記錄在資料庫中，此資料庫由握有許多權力的波蘭環境保護監察局（Inspekcja Ochrony Środowiska）監督。目前面臨的首要問題是缺乏專業的設備來管理垃圾。

　　沒有適當管理或是未依法處理垃圾的公司，自然也就存在。貝托爾德・基特爾（Bertold Kittel）在他的《系統：幫派如何從垃圾中獲利》（*The System: How the Mafia Profits from Waste*）一書中有趣地描述了「地下垃圾」。雖然這本書早在二〇一三年就問世，許多問題到今日仍舊未解。波蘭每年都被籠罩在垃圾掩埋場產生的煙霧之中，不誠實的公司以這種方式擺脫積累的廢棄物，這之中也包含危險廢棄物。這種工廠在法律的邊緣營運，時常沒有相應的許可，不少還登記成完全無關的營業活動。這些祕密被高聳的圍欄看守著。當沒有強力的理由進行檢查時，政府便不急著干預。在這種情況下，安全規定緊縮主要影響到那些想合規的誠實企業。不誠實的仍舊不誠實，規定管不住他們。然而，隨著廢棄物資料庫的出現，情況有望好轉。

　　第二個系統問題是錢。或者說是缺錢。波蘭法律規定，製造商有義務出資協助回收與再生其產品。汙染者付費。X公司

生產碳酸飲料，則必須支付費用於瓶罐收集、適當處理以讓這些垃圾有機會以某種形式回收再生，回到循環中。X公司不是自己做這些工作，而是透過在產業鏈中扮演生產、收集、處理的回收組織作為中間人。這些錢應該用在資助相關的基礎設施上，以提高效率與優化處理方式。

同時，波蘭的製造商對整個系統的貢獻甚至比歐洲平均低了幾十倍。二〇一九年八月，在波蘭生產塑膠的附加費是一噸0.6歐元。相比捷克——206歐元。這個問題涉及每種類別的材料。一噸玻璃在波蘭的附加費是5.4歐元，捷克則是67.7歐元。紙類：1.5歐元與91.19歐元。和捷克的系統比起來，波蘭的附加費相對不高。若是將波蘭製造商的花費與奧地利相比，差距可就大了。製造商聲稱，上調附加費相當於調漲商品價格，但這不是真的。畢竟，波蘭和捷克在產品上的售價差異不大。在波蘭，垃圾管理反而更便宜，所以也許成本還會下降。

第三個問題——我們希望這個問題會漸漸消失——是垃圾分類的問題。尤其是以前在波蘭不需要做垃圾分類。收集一子母車的一般垃圾費用只比單項回收物的價格高出一點點。二〇一九年九月六日過後，每個鄉鎮都有一年的時間落實執行新的

法律規定。垃圾分類不再是種善良的選擇，而是一項義務。一般垃圾的收集費用將會高於單項回收物二、三，甚至四倍。這是唯一能滿足歐盟持續上升的要求的方法。二〇二〇年時，我們必須達到歐盟要求的百分之五十回收與再利用，就專家的說法，這是一項不可能的任務[77]。除了對環境友善的理念之外，若不採取漲價的要脅手段，沒有任何重大的刺激能鼓勵居民做好垃圾分類。技術性問題一定會存在，例如在公寓裡，大多數的居民分類都做得很好，然而總是會有把凝固的甜菜湯倒進紙餐具的害群之馬。在這種情況下將是全體的責任。所有人都得為這種無腦行為買單。

對我們許多同胞來說，做環保是件難事。經常會聽到有人抱怨垃圾分類系統很複雜。當然會有連廢棄物處理員都覺得困惑的垃圾，但是多的是可以進行基本、合理分類的。每個城鎮都有在網路上公告說明，收集的東西因所在地不同而有所不同。在什切青（Szczecin），垃圾分類就像華沙一樣，分為五種，但是基於某些原因，蛋殼不能丟進廚餘裡。

我對於垃圾接下來會發生什麼事沒有頭緒，但我可以遵循幾個規則：把塑膠品丟進塑膠與金屬回收桶中。基本上就是所有的塑膠，包括那些太小或是太複雜的（例如上面標示7的

所有東西）。我會把不同材質分開——例如把聚丙烯盒子上的鋁蓋撕掉。所有非常髒的東西：氯苯乙烯托盤、油膩的紙、瓷器、磁磚、木製品、零碎的材料都丟進一般垃圾。衣服（那些真的無法再穿）拿到舊衣回收箱，至少可能可以用它們當作填充物。燈泡和小電器可以送到當地的回收中心，或是鎮上的收集點。這真的沒有這麼難。

*

垃圾令人厭惡，讓人覺得噁心……也是啦，除非是某位名人的垃圾。所有和名人有關的事情都很令人興奮。他們穿什麼衣服、開什麼車、做什麼運動。我們的欲望和野心都被自己無法擁有的生活畫面給激起。大別墅、豪華遊艇、可能會碰上有錢人的派對，這些照片喚起我們的沮喪。因此，我們想要看看背後的樣子也並不奇怪。任何「名人畢竟是人類」的證明都令人欣慰；任何弱點或缺點。這也許說明了布魯諾‧莫榮（Bruno Mouron）與帕斯卡爾‧羅斯坦（Pascal Rostain）發表於雜誌《巴黎競賽》（*Paris Match*）的照片大受歡迎的原因？

攝影師花了十五年翻垃圾桶，並拍下名人的垃圾；一開

始在法國（像是女明星碧姬・芭杜〔Brigitte Bardot〕和政治家尚-馬里・勒朋〔Jean-Marie Le Pen〕等人），後來也在美國（例如演員傑克・尼克遜〔Jack Nicholson〕和前美國總統隆納・雷根〔Ronald Reagan〕）。垃圾反映出富人與名人的習慣與消費形態。尼克遜喝可樂娜啤酒，吃多力多滋，用當妮（Downy）衣物柔軟精。然而這只是一堆瑣事。還好至少有一些名人的小罪過被攤在陽光下。看來共和黨員阿諾・史瓦辛格喜歡卡西亞斯雪茄（Casillas），非法從當時被禁運的古巴進口而來[78]。抽完雪茄之後，在嘴裡噴上畢昂卡（Binaca）口腔芳香噴劑。

　　在那些翻找別人垃圾的人之中，翻找巴布・狄倫（Bob Dylan）垃圾桶的左翼顛覆分子A・J・韋柏曼（Alan J. Weberman）聲名大噪。他在垃圾裡面找到一些歌曲手稿和歌手筆記。紀錄片《A・J・韋柏曼的民謠》（*Ballad of AJ Weberman*）播出了他翻找垃圾桶的畫面[79]。怒火中燒的狄倫曾在路上攻擊跟蹤者，也以侵犯隱私為由控告他，然而法院裁定丟出家門的垃圾是公共物品。韋柏曼寫下狄倫的歌曲檢索表（按字母順序列出作品中出現的詞），以及他對這些歌曲的見解。他自詡為狄倫學家，有一段時間他甚至想方設法接近歌手，吸引他做電話訪談。他

們的對話錄音可以在網路上找到。目前，韋柏曼是個被遺忘的老人，每天在有幾百人追蹤的推特帳號上發幾篇文。他支持川普總統，聲稱自己受到哈瑪斯駭客攻擊，也明說自己吸了太多大麻。

*

　　沉重的金屬百葉窗緩緩上升，微弱的冬日陽光照進室內，一堆垃圾映入眼簾。氣味沒有那麼臭，或許是因為天氣很冷。我們看著即將被焚燒的垃圾所堆起的護城河。我看出躺在上面的包裝，有小狐狸圖案的衛生紙塑膠薄膜、優格杯、衣服。袋子。在半黑暗的作業環境裡，不管頂層之下的是什麼，都成了一團均勻、緊湊的東西。怪手的金屬爪子沿著門吊 * 移動，小心翼翼地從廢棄物堆中提起。這些垃圾要進到焚化爐裡，做所謂的能源回收。

　　垃圾在十幾公尺高處被丟進焚化爐，而尾氣會進入燃燒室。「要是盧賓斯基先生你點燃輪胎堆，那天空就會冒出黑

---

* 又稱龍門起重機，為建在龍門上的起重機，能吊起較重的物體。

色、刺鼻的煙霧。這種煙霧是可燃的，可以用來燃燒燃燒室裡的東西，並達到更高的溫度。我們的焚化爐維持在攝氏八百五十度以上。現在溫度是一千零八十度。」羅曼‧米查尼科斯基（Roman Miecznikowski）向我解釋，他是華沙塔爾古夫（Targów）區焚化廠的廢棄物管理經理。溫度下降會怎麼樣？「我們會被罰款。以低溫燃燒垃圾會釋出較多有害物質。」達到理想溫度是門吊機操作員的職責——用怪手抓起垃圾並在秤量後評估燃燒熱值。載量越重，溼度也越高，燃燒能力就比較差。需要在這種批次的垃圾中增加熱量，因此得再從護城河裡挖來解體的大型廢棄物（例如家具），或是無法回收的分類垃圾。

　　焚化爐的溫度和排放值都由控制室隨時監控。鍋爐、錯綜的管線和一部分的過濾器被設在一個大場館中。設備發出的隆隆聲大得我很難聽見羅曼先生的解說。因為內容很複雜，我必須非常專注。嗯，燃燒室的廢氣會被導入回收鍋爐，在裡面進行「熱能回收」。燃燒產生的熱能被用來加熱流經鍋爐的水。水變成水蒸氣。蒸氣在達到適合的參數後會被導向一個以許多渦輪和發電機組成的渦輪裝置，這些裝置被設在一個單獨的房間裡。來自蒸氣的能量在渦輪機中轉換為機械能。渦輪的轉子

旋轉帶動發電機軸，產生電。

　　冬天的時候，來自第一階段的蒸氣會將水加熱，進到地方供熱網路中。塔爾古夫廠區回收的熱能不多，主要在滿足焚燒需要的熱能，這裡的設備非常老舊，正在等待換新。換新後焚化廠的效率將大大提升，而回收的熱能也將提高。

　　二次燃燒雖然有好處，但是燃燒垃圾會產生大量汙染。廢氣便在其中扮演著重要角色。首先得移除廢氣中的氮氧化物——在廢氣中注入氨水。接著，廢氣通過鍋爐後會進到洗煙塔裡。在這裡冷卻。呼。接下來是過濾。在廢氣中加入氫氧化鈣混合，送入袋濾式集塵器——主要用來吸附塵埃，但也能吸附氯、硫顆粒。經過一系列流程後，廢氣會進到一個大桶子裡。這是吸附塔，以活性碳吸附戴奧辛和呋喃。剩餘的氣體則由八十公尺長的煙囪排出去。羅曼先生說，煙囪排出的煙比二手菸還乾淨。

　　有一說是焚化廠可以替掩埋場省下空間。的確如此，在華沙的焚化廠焚燒一百五十噸的一般垃圾會留下四十噸殘渣。在新式的設備運作下，體積可減少高達百分之九十。但這些殘渣是不穩定的，也就是說必須格外小心儲存。用過的活性碳過濾器也會進到掩埋場。焚化廠有一個貯槽，防止任何殘留物浸出

廠區。被汙染的雨水則會進到沉澱池。

　　波蘭有十九間焚化廠在運作。還有一些正在興建中。但是環保組織說，焚燒廢棄物是種浪費的行為。畢竟每個東西都只能燃燒一次。

＊

　　湯姆・扎基（Tom Szaky）是廢棄物回收公司泰拉環保（TerraCycle）的創辦人，回收各種各樣的垃圾。扎基可說是個有遠見的人，一名巫師，又或是一位幻想家，他提出了美麗世界的願景：我們丟掉的所有東西都有價值。因此每件垃圾都值得留心。扎基的《智勝廢棄物：現代垃圾的觀念及如何找到垃圾的出路》[80]（*Outsmart Waste: The Modern Idea of Garbage and How to Think Our Way Out of It*）是一本出奇樂觀且充滿正能量的書。他沒有用海龜吃塑膠管的故事來折磨我們。問題當然存在，但是我們並不是手無寸鐵地與之對抗。扎基認為周遭事物之中，垃圾是我們具有掌控力的部分。

　　垃圾是人類的觀念，自然界並無所聞。在大自然系統中，所有東西都有其目的、位置和安排。健康的系統會自我調節；

物質在封閉系統中無盡循環。有很多因素使食物的數量、適宜的居所和繁殖的可能受限，過剩幾乎不存在。人類已經學會為自己的物種消除這些障礙，我們的日常因此才有了各種不容忍受的浪費。就在數百萬人受飢之時，每年在世界上浪費的食物數量卻多得無法想像。

扎基認為回收是有意義的，但是必須做得值得。製造商應該要支付所有與生產環境有關的稅（排放、能源成本、獲取原料對周遭環境產生的影響）。這筆錢能用於研發讓難以處理的垃圾回到循環中的技術。收徵這種稅當然會讓一些物品變貴。泰拉環保證明了基於這種原則，所有東西都能回收。甚至是尿布。阿姆斯特丹有特別的尿布收集點，將之消毒後分離成纖維素、塑膠及吸收並與尿液結合的材料，用這些物料可以再製新的尿布。用過的香菸濾嘴也可以回收。剩餘的菸草和菸紙用以堆肥，濾嘴可製成塑膠品。紐奧良是其中一個計畫參與夥伴，泰拉環保的特殊垃圾桶系統，已將紐奧良街上的菸蒂數量減少了百分之十三。

*

　　每個回收都有意義。我們的星球不能用完即丟。我們正在耗盡不可再生的原料，而可再生原料的產值無法滿足全球市場的需求。不做回收，我們就無法繼續下去。比如說由木漿纖維製成的紙類。樹木像其他作物一樣種下，幾十年後砍去，但是就目前對紙類的需求來看，只依靠原始原料是不可能的。每年的紙類產量約四億一千三百萬噸。與紙漿相比，處理一噸廢紙能省下百分之七十五的能源，顯著地減少空氣汙染，產生的廢水量也少上三分之一。直白地說———一噸廢紙可以省下十七棵樹[81]。若我能夠選擇，我很樂意省下別什恰迪（Bieszczady）天然森林裡被無情、無節制砍伐的不朽山毛欅和冷杉。

　　回收鋁對環境的影響也相當可觀。由原始原料，也就是鋁土礦，煉製鋁的過程相當繁複。首先得將岩塊粉碎，經析出、沉澱、煅燒之後獲得氧化鋁，接著進行電解。整個過程相當耗電。回收鋁可以省下百分之九十五以鋁土礦產鋁所需的電力。回收鋁也可以減低排放至大氣中的有害物質，還可降低水汙染。百利而無一害。回收鋁的價格高，因此在波蘭收集的成效很好，總是能找到購買回收鋁的管道。

　　然而，我們最感興趣的當然還是回收塑膠。現有的數據道出令人沮喪的事實：只有百分之九的人造塑膠被回收利用[82]。誰

知道這令人不悅的數據是不是還過於樂觀了呢？波蘭回收的水準很低。那些小心地將鋁蓋和聚丙烯罐子分開的人的努力，很大程度上都被那些把東西全部倒在一起的人給抹滅了——特別是在城裡，通常都不知道是誰丟的。髒的塑膠品質很低，回收廠不想收，所以售出回收塑膠並不容易。初級塑膠一直都很便宜，因此每年只有百分之七的塑膠品以回收塑膠製成。大量可經處理再利用的塑膠，只能在分揀場前的廣場上等待著更好的價格。這樣看來，前面提到的二〇一八年五月茲蓋日的垃圾掩埋場起火，這種狀況該如何才能終結。

　　回收塑膠不是個永續的流動。有三個問題值得探討。第一，塑膠、聚合物是單體和各種填充物結合而成的長鏈。在處理過程中，化學鏈可能會縮短，要成為完整的產品，必須不斷加入原生塑膠。塑膠又各有不同，例如，回收處理聚苯乙烯目前並不具經濟效益。第二，塑膠廢棄物中可能累積汙染物質。第三，在回收過程中也會形成對環境造成威脅的副產物。

　　也就是說，不是所有東西都能回收再利用。分揀之後會剩下很多無法回收的極小垃圾。穩定化，也就是除去有機殘留物後，剩下的幾乎就是塑膠。這可以用來當作替代性燃料的基底，例如，用在水泥廠。廢棄物的產出量在上升，有越來越多

無法回收再利用的廢棄物。波蘭已經到了分揀場必須付費給水泥廠的地步，雖然幾年前情況正好相反。說白了就是塑膠太多了。

　　目前沒有產能相應的設備能讓回收達到令人滿意的結果。技術很昂貴，設備也是，所有人都在找捷徑，而塑膠的產量卻不斷上升。廢棄物產業裡有些人認為，解決過量的辦法可能是使用它們來聯合發電：將焚燒垃圾的能量用來加熱家庭用水與產電。就像在斯堪地那維亞一樣。

　　例如，瑞典的電力和熱能都倚靠焚化廠產出。同時，瑞典政府網站不久前也公布，幾乎百分之百的垃圾都被回收利用。那是個小小的欺騙行為，或者說——就敢言的人所說——是會計數字上的遊戲。能源回收不能說是循環利用[83]。環保人士強調，焚燒分類好的乾淨塑膠是種浪費。石油是塑膠的基本成分，它的儲量有限，且不可再生，而市場上每桶石油的價格卻沒有真實反映出它的價值。幾年前英國石油估計，以目前的開採量來看，石油儲量將在五十年內耗盡。而我們現在卻在燃燒塑膠垃圾，就因為它能維持好焚化爐的溫度，而且燃值高。

　　丹麥焚燒垃圾的歷史要比瑞典更長。一九〇三年便建立了第一座焚化廠，現在有百分之五十的垃圾都送進焚化爐。就這

種「能燒得越多越好」的經濟模式來說，憑什麼要減少製造垃圾呢？每年丹麥人製造的垃圾[84]是波蘭人的兩倍，居全歐盟之冠。

　　最知名的焚化廠是位在哥本哈根的阿瑪格貝克（Amager Bakke），廠區藏在引人注目的建築之下，屋頂上還有條人造滑雪道，由五個地方政府聯合建造，二〇一七年啓用，取代了低產能的小型舊廠區。當時有些人想要建造小一點的廠區，加強做回收。但這沒有實現——惰性和遊說見效——斥資五億歐元的阿瑪格貝克很巨大。簡直就是太大了。為了有效率地運作，甚至必須從國外進口垃圾才能滿足所需的垃圾量。隔年夏天，廠區產生過多能量，因此無法在滿負荷下運行。這座大型焚化廠鞏固了未來幾年的廢棄物管理策略，也毀了達到以限制氣體排放為目標的氣候計畫。加上運作這幾年間兩起嚴重且耗費金錢的事故，大型焚化廠看來和大型問題並無不同。

　　我在塔爾古夫聽到的不是焚化廠的好，而是它引起的環境問題。雖然回收能源和減少廢棄物的號角聽起來很吸引人——批評者指出，這只是把垃圾變成另外一種汙染。焚化垃圾的副產物是有毒的灰塵與灰燼；焚燒會排放二氧化碳、重金屬，以及危害極大的戴奧辛與呋喃。這些化合物會累積在身體組織

中，致癌且導致嚴重的胚胎畸型。一份來自丹麥——正如我們提到，這個國家依賴焚燒廢棄物——的批判報告指出，環境部檢驗結果顯示諾爾佛斯（Norfos）廠區，自二〇一四年以來便定期排放大幅超標的戴奧辛、呋喃與其他有毒物質[85]。這並不是廠區設備老舊、過時的問題。歐洲零廢物（Zero Waste Europe）組織和毒物監測（Toxicowatch）基金會，在二〇一八年十一月的報告中提出證據，荷蘭鹿特丹中央電所（Reststoffen Energie Centrale）有同類廠區中最新穎的設備，但排放出的汙染物卻遠超過歐盟標準[86]。荷蘭國務院和最高行政法院於六月，針對居民就該廠區排放數據不實提起的訴訟做出回應。焚化爐附近的母雞產下的雞蛋（這是敏感且可靠的生物汙染指標）檢測結果表示，有毒物質的濃度很高。歐洲零廢物組織表示，因為時常低估戴奧辛的排放，事實上進行能源回收的廠區可能是最大的汙染源之一。許多環保組織認為，在廢棄物分級制度中，焚燒應該與掩埋屬同一階級。

*

　　我去過一次垃圾掩埋場，就在美好的幾年前。不是為了垃

坂而去。那時我剛開始寫《歌唱的鳥兒，生活及藝術中的鳥與人》（*The Birds They Sang, Birds & People in Life and Art*），還在觀察自己是否喜歡賞鳥。我們去了位在格利維采（Gliwice）的垃圾場，因為前一天在那看到了一隻冰島鷗（Larus glaucoides），由於命運的捉弄，牠來到了西利西亞（Śląsk）。冰島鷗，顧名思義比較適合生活在極區。那是一月，冬天，是冰島鷗長途旅行的時候。那時海鷗會在歐洲各地遊蕩。那隻冰島鷗坐在幾千鳥身中不時發出尖叫聲。

在幾千隻相似的鳥中尋找一隻白色的冰島鷗，就像在乾草堆裡找一根針。然而，對於熟練的觀察家來說，牠有點不一致、像牛奶加了一點咖啡的顏色是很引人注目的。這隻冰島鷗消失在盤旋的鳥群之中，但是幾分鐘後某位抱著望遠鏡的鳥友叫了出來：在這裡！接著是一連串的資訊：「右邊第三根燈柱的高度……第二排……剛飛過銀色的區塊……現在被遮住了。」冰島鷗如牠的朋友們，飛來這裡覓食。冬季時，垃圾場會引來海鷗與觀鳥者。

隨著長長的塑膠管到處延伸，散發出惡臭。雖然結了霜，但被層層垃圾覆蓋的有機殘留物還是分解了。除了海鷗與觀鳥者，垃圾場裡只剩下推土機，耐心地堆出一疊疊瓶罐、輪胎和

破布。

　　歐洲正在和掩埋場說再見嗎？這並不完全正確。焚化廠的殘留物還是得送進掩埋場。歐洲似乎正在遠離掩埋場，只是因為歐洲把自己的廢棄物送到相關規定較寬鬆或容易規避的國家。富人將自己的垃圾送給窮人。而窮人才是為繁榮付出代價的人。

2019年3月9日

9：10, 52°08′38, 9″N, 21°04′39, 6″E

2018年7月2日

14：10, 54°49′58, 1″N, 18°06′12, 9″E

　　氣球是灰色的，但就算在三月的灰暗之中仍顯醒目。大概是因為在圍起圍欄的納托林森林（Las Natoliński）保護區裡很

少出現垃圾。氣球還沒來得及洩氣就從某人的生日派對上飛來了這裡。在這保存完好的河岸帶森林裡，在不朽的橡樹之間，灰色的入侵者十分引人注目。而那顆躺在沙灘上的氣球卻埋沒在各種垃圾之中；大部分都是菸頭和不同的包裝。波羅的海的氣球看起來狀況不太好，脆弱的橡膠殘骸繫在長長的塑膠絲帶上。

　　看起來無害且稚氣十足的同時，澳洲學者已確定氣球對海鳥致命[87]。大量吞下氣球的碎塊比起吃下硬質塑膠片更危險。暴雪鸌、大西洋鸌（*Puffinus puffinus*）、信天翁時常把自己美味的食物——魷魚——與橡膠碎片搞混。這些生日留下的氣球，上面還能讀出「Happy Birthday」的氣球，大多都在鳥的胃裡被發現。

　　人們以許多不負責任的方式來表現喜悅。灑紙片很受歡迎。二〇一八年在流行歌手蓋瑞・巴洛（Gary Barlow）的演唱會上，以特殊的砲管射出這種小小的閃亮鋁箔片。自然組織紛紛對此提出抗議，甚至連粉絲都備感憤怒。這場演出在伊甸園計畫（Eden Project）植物園舉辦，那裡的熱帶雨林植物展示於特殊的圓頂建築之中。巴洛道了歉，並承諾這種事不會再發生。

　　我個人對放天燈的潮流非常不悅。天燈是在亞洲發明的，但被美國電影推廣出去。天燈是在金屬框架上罩上紙，寫上願望，在底部點上小蠟燭，充滿熱氣的天燈就會飛往未知的地方。看起來很漂亮，所以出現在現代婚禮、領聖體和生日上也沒什麼好奇怪的。但是就算完全沒有慶祝的理由也可以施放天燈。就算在海邊也很容易買到，接著拿到沙灘上，點火後看著它升空。然後呢？誰在乎然後呢？通常在幾十秒後天燈就會熄滅，掉入水中。

　　我在找垃圾的時候發現了兩盞天燈。最悲哀的那盞躺在達爾沃沃（Darłowo）的防波堤上。大海將它捲得還不錯。看起來像是用過多次的哀傷保險套。第二盞則是在貓頭鷹山（Góra Sowa）找到的，就在一片雲杉林和一片被太陽烤乾的草地邊緣。乾旱持續，甚至對蟋蟀來說都太熱了。我為此等缺乏想像力的行為感到沮喪。在附近放天燈的浪漫雪人是否曾想過，當突如其來的大風把天燈帶到某人的房子、田野或森林上空時，會發生什麼事？

　　在許多國家是禁止放天燈的，德國大多數邦都頒布了禁令。比如說位於北萊茵－斯伐倫邦（Nordrhein-Westfalen）的克雷費爾德（Krefeld）。不幸的是，一名母親和兩位女兒並不知

道這是犯法的，她們在跨年夜放了從網路上買來的天燈。天燈
落在當地動物園的猴舍上，引起大火並燒死了三十隻動物。包
括果蝠、鳥類、黑猩猩、絨猴、五隻紅毛猩猩，以及歐洲最老
的圈養西部大猩猩。當地警長在記者會上表示肇事者已表達了
深切的悔意。他們被求刑長達五年[88]。人們有時得為不經意的行
為付出沉重的代價。

五、青蛙的祕密

　　屬於吉丁蟲科（*Buprestidae*）的澳洲珠寶甲蟲（*Julodimorpha bakewelli*）是一種大型甲蟲類，外觀像吃剩的核果或是多孔、有光澤的椰棗。牠們生活在澳洲的灌木叢中，以花朵美麗、當地特有的桃金孃科（*Myrtaceae*）灌木葉為食。交配季來臨時，牠們會在空中巡邏，尋找同樣是棕色、多孔但不會飛的伴

侶。交配的過程看起來並不陌生。雄性甲蟲會從下體伸出交尾刺，爬到雌蟲身上並將精子傳過去。一九八〇年代的一張照片顯示，澳洲珠寶甲蟲正試圖與一個廢棄啤酒瓶交配。

兩名科學家——達里‧格溫（Darryl Gwynne）和大衛‧倫茲（David Rentz）對此事件很感興趣[89]。他們發現澳洲珠寶甲蟲會尋找特定類型的玻璃瓶。甲蟲們特別喜歡澳洲稱作「stubbie」（小啤酒）的瓶子，這種容量三百七十毫升的棕色瓶子在陽光下會閃閃發光，接近瓶子底部有一條對稱的突出細條帶。這些特徵與瓶子躺在地上動也不動的事實，使雄性甲蟲以為瓶子是大型雌蟲。巨大的雌蟲比普通的更有吸引力。就像一些鳥類會被大型人造蛋吸引而坐在上頭孵蛋，雖然顏色鮮豔了些，但看起來仍像自己的蛋。正如維倫多夫的維納斯（Venus of Willendorf）巨大的胸部占據了史前雕刻家的思想一樣，甲蟲也夢想著棕瓶。科學家稱這種誇張版的吸引特徵為「超正常刺激」。

對雄性澳洲珠寶甲蟲來說，小啤酒瓶就像是色情片，與小酒瓶進行性行為比與同物種的雌性還更有趣，也更刺激。只是有些事情被忽略了。甲蟲不會離開牠的超正常刺激，除非科學家將甲蟲移走。牠們不停進行交配，絲毫不為伴侶的冷淡所動

搖。事實上瓶子也沒有那麼冷淡，太陽光聚在瓶子上，甲蟲不是因火熱的激情，而是被太陽烤死。有些雄性甚至無法爬到瓶子上，更別說要飛走了。他們會成為虹琉璃蟻（*Iridomyrmex discors*）的獵物，攻擊甲蟲暴露在外的敏感生殖器。科學家了解到，這種現象會對甲蟲造成威脅，便將研究結果送給啤酒製造商。

解決甲蟲不健康衝動的辦法原來出奇簡單，只要把啤酒罐的顏色和形狀改掉就好了。綠色不會喚起這種激情。甲蟲的世界回到了正軌。科學家們於二〇一一年獲得了搞笑諾貝爾獎（Ig Nobel Prizes），由《不可思議研究年報》（*Annals of Improbable Research*）主辦的幽默版諾貝爾獎，授予「乍看好笑卻引人深省」的研究成果。

小啤酒瓶被甲蟲誤認為是甲蟲，就是自一九七〇年代以來被稱為「生態陷阱」的例子之一。當由於環境變化，物種的某些適應性和典型行為無法達成使命──基因繁衍，就會遇到這種狀況。從未出錯的生物系統無法迅速更新，便成了詛咒。

陷阱作為陷阱該有的功能──吸引、誘惑、承諾，接著在一夕間成為致命的威脅。這個陷阱就是混凝土水庫，兩棲動物可以輕易跳進去，卻沒辦法跳出來。在華沙公園裡的林

蛙（*Rana temporaria*）雖然在水中下蛋，但是大部分的時間都生活在陸地上。陷阱也是北方塘鵝帶回鳥巢的那些與水草相似的漁網，雛鳥和成鳥被纏住，死在堅固的塑膠線圈裡。最終，陷阱是被遺棄在森林裡的垃圾，種種原因，它對在森林中穿梭的生物頗具吸引力。躺在地上的瓶子，很容易進去，卻很難出來。

　　幾乎每天都能讀到鯨魚的肚子裡充滿垃圾、海龜被漁網纏住，人們或許對海洋垃圾問題的意識提高了；只是畢竟不是所有神奇的垃圾都進了海裡。應該平凡地躺在垃圾場裡的垃圾，反而會出現在波蘭的森林裡或是路邊，又或是迅速從我們的視線中消失，被非法掩埋。在舊礫石中、沼澤和私人土地上。瓶子、輪胎、食品垃圾或是危險有毒的廢棄物。埃泰尼＊、碎瓷磚、岩棉†。這些也都會改變生態系統。垃圾是汙染，通常在我們有生之年就會分解出有害物質到水與土壤中。

＊

＊　一種屋頂建材。
†　隔熱、過濾、隔音用的建材。

這聽起來很沒道理，但是另一方面——對許多動物來說，垃圾成了藏身處或是獲取食物、繁殖的地方。對某些生物來說，垃圾帶來了不同的、意想不到的機會。垃圾有時候就像在反抗人類——它忘恩負義的創造者——與我們的敵人結盟，例如，攜帶登革熱的埃及斑蚊。幾十年前埃及斑蚊才在巴西獲得控制，但是隨著垃圾數量劇增，這個問題也變得越來越嚴重且複雜。結果證實，有一半的蚊子產卵在罐頭、輪胎、瓶子和塑膠包裝裡，最常是在那些一次性且無法回收再利用的垃圾中，尤其是在累積了雨水的地方。這個問題首要就是人們堆在後院的廢棄物[90]。

在野生環境中，喜歡髒亂的小紅蟻（*Myrmica rubra*）就是個很好的例子。牠們的密度在野外垃圾堆上比在自然條件下還高。小紅蟻生活所需條件不高，只要有部分溼潤的環境都可以棲息。在滿是舊瓶子、沾滿泥巴的罐子、衣服殘骸和塑膠袋的垃圾掩埋場裡；或是在更自然的地方——草叢、石頭、木塊底下都能築窩；然而，在有垃圾的地方，這些自然棲息地就沒有被占領。研究人員認為，小紅蟻對這些地方的偏愛可能與更豐富的食物來源（小型無脊椎動物）有關係[91]。

昆蟲無處不在。鳥類也是，很久以前我們就知道鳥類喜歡

使用我們的垃圾。就拿白鸛（*Ciconiidae*）來當例子。來自西歐的鳥類熱衷於在垃圾場附近定居，經常在此覓食並尋找築巢的材料。因為垃圾場能終年提供食物，牠們甚至停止向非洲遷徙。波蘭的鳥類還比較傳統，牠們比較常在野外尋找築巢材料，但這並沒有改變能在半個鳥巢內找到各種垃圾的事實。西方國家進行的一項研究中，在幾年間檢查了七百多個鳥巢[92]，結果顯示，在比較城市地帶的鳥巢含有較多垃圾。最常出現的是線繩、箔片和布塊。

　　我們文明的垃圾出現在鳥巢中，導致不到百分之一的雛鳥死亡。這不是個大數目，而且成鳥也因此節省了大量的時間，否則牠們還得花時間去尋找天然的材料。有趣的現象是：雌鳥的年紀與帶回鳥巢的雛鳥數量有關。比較年長、有經驗、帶著許多雛鳥的成鳥，更可能使用人為材料。牠們不會浪費時間尋找消失於田野間的稻草，不會飛到遙遠的樹林中找尋樹枝。牠就銜走那些唾手可得的普遍材料，那些偽裝得很像傳統木料的東西。那些垃圾。

　　同樣的行為也發生在老鷹這種波蘭常見的掠食鳥類身上。較年長的老鷹有較高的成功繁殖率，牠們占領的地方食物來源較豐富，也較容易使用垃圾築巢[93]。這意味著鳥類喜歡垃圾嗎？

大自然在適應我們的拜占庭式消費習慣嗎？或許鳥類已將垃圾視為自然的一部分？答案不明。對高汙染環境中築巢的黑面琵鷺研究表明，就算有大量的垃圾可使用，牠們還是傾向於使用鳥類學家提供的天然材料[94]。彷彿牠們仍能看出差異。

*

我非常喜歡灰伯勞鳥，牠是伯勞屬的小型掠食鳥類，在華沙很少見。最常能在博新（Powsin）的大片林地上看到牠，牠已在那過冬好幾年了。從遠處就能看見牠長長的尾巴，專注、期待的身影出現在灰色的空地上或沒有樹葉的小徑上。灰伯勞動也不動地窺看獵物時，看起來像是一尊雕像。牠的學名是 *Lanius excubitor*，也就是「屠夫哨兵」——不得不說這個名字雖然有點戲劇化，卻正中紅心。灰伯勞不會嚴刑逼供，也不是變態的虐待狂，但牠確實有把獵物釘在帶刺的灌木上的習慣。帶刺灌木是牠的儲藏室；尖刺可以方便牠將獵物撕成小塊。灰伯勞的儲藏室裡可以找到老鼠、蜥蜴、小鳥和大型昆蟲。

灰伯勞在波蘭是真正的創新者、改造垃圾的先驅。牠在田野附近和森林邊緣築巢；得承認那巢並不是建築傑作，只是簡

單的開放式鳥巢，以附近可以找到的任何東西——樹枝、樹根、苔蘚——編成的籃子。一九八五年才發現灰伯勞學會使用聚丙烯繩當作築巢的材料，但這材料早在三年前便已出現在波蘭的田野中。過了不到二十年，聚丙烯繩已是鳥巢中非常普遍的材料。

一九九九年至二○○六[95]年間進行的田野調查發現，受檢的鳥巢中百分之九十八含有塑膠繩。灰伯勞也用塑膠袋、紙張等任何牠找到的東西來築巢；可能是為了取代現在缺乏的傳統天然材料——馬鬃。以繩子圍起的鳥巢，非常牢固也能抵禦早春多變的天氣。這相當重要，因為灰伯勞的繁殖季比較早開始。另一方面卻也發現，有相當數量的鳥被線繩纏住而死亡，約有百分之十的雛鳥以及幾隻成鳥遭受這般命運。身體被截斷的、翅膀被割下的、被現代馬鬃勒死的雛鳥實際上究竟有多少，我們並不知道。

伯勞鳥是聰明的鳥類，和鴉科關係相近。牠們有驚人的創造力——有人觀察過伯勞鳥將蟾蜍剝皮，以避免接觸毒素。此外，雖然牠們生活在開放空間，有的伯勞鳥卻會捕魚或螃蟹。快速、普遍地使用線繩也是伯勞鳥的智慧結晶；牠們學會用刺將繩子撕成更細的線。

　　築巢材料的新知是怎麼廣泛傳播的呢？灰伯勞每年都會尋找新的伴侶一起築巢，可能就是因為這樣，牠們相互學習使用聚丙烯繩築巢。捷克鳥類學家茲德涅克・維斯洛夫斯基（Zdenek Veselovský）證實了這是種範圍性的行為。英國皇家空軍在戰爭期間突襲皮爾茲諾（Pilzno）森林時，為了混淆德軍的防空雷達，撒下薄鋁片。灰伯勞喜歡這些閃亮的紙片。後來人們在附近村莊的鳥巢中發現了鋁片[96]。

＊

　　我想起了兩個鳥巢。過去幾年我在海邊渡過夏天，當然不是在「海邊」，旺季時的海邊讓眼睛和耳朵都吃不消。但是只要再往內走幾公里，波羅的海便成了森林的輪廓線上一條細細的藍色絲帶，一片正常的土地，不再像是季節性的市集。雖然這裡主要是大片的油菜花田，我仍會在附近走走逛逛。土地積水無法耕作的地方，通常會有些林木與灌木。這裡最讓我高興的是波蘭北部景觀──美麗的老樹林蔭大道。這裡曾經有一排通往大海的菩提樹，我很喜歡，但二〇一八年春天因道路維修被砍掉了。人們怎麼能這樣？不尊重這些百年來開花結果、提

供庇蔭的老樹？這些菩提樹是歷史的紀念碑，是這個地方最有價值的古物。它們記得此地世世代代的居民，但卻無人為它們挺身而出。

　　老林蔭道已經消失無蹤。我的故事就發生在不遠處的樹蔭下，在比較沒那麼高貴的白楊樹林道上，就在夏季風暴過後。風暴在這裡有著聖經般的力量，提醒著人們一些微不足道的事。空氣在災難過後顯得清涼透徹，路上滿是枯枝、樹幹和葉子。我在幾百公尺遠的地方找到兩個被風吹落的空鳥巢。七月。估計是某種田園鳥類，現在正在田野間採集肥美的油菜籽，可能已經有了子嗣。鳥巢的大小相似，兩個都還很新鮮，用草和苔蘚精心編成。其中一個可以看見暗紅色的雞毛，另一個則比較灰。兩個都被聚酯布料包著，像是舊棉被或夾克的填充物──這東西肯定還躺在樹林某處。

＊

　　對田園鳥類來說，這種溫暖乾燥的材料是個好東西，但是對大部分的生物來說卻是個悲劇──不過不是所有垃圾都如此。自然系統就是這麼複雜，沒有什麼是非黑即白的。「黑

白」是分類的蠢話，是人類的粗略概念。就在我彎腰撿起半掩
於山毛櫸紅棕色地毯下、布滿青苔的運動鞋時，這想法敲醒了
我。我聽到身後克日什多夫傳來的聲音：「留下那隻鞋吧，那
是蟾蜍很好的冬眠地。」那是個溫暖的十二月，但是冷血的兩
棲動物是連輕微的霜凍都無法忍受的。春天來臨前，蟾蜍需要
安全、平靜的地方冬眠。我把鞋子留在原地。

　　我在Instagram上找到克日什多夫・寇連達（Krzysztof
Kolenda），正確地說是找到他的帳號「我們保護當地環境」
（Chronimy Lokalną Przyrodę）。我看到這個帳號的主人會收集
垃圾並查看成分，在字裡行間顯示他是某種科學研究員。在弗
羅茲瓦夫大學（Uniwersytet Wrocławski）的小房間裡，我得知
克日什多夫是爬蟲學家，他的博士論文研究道路上灰蟾蜍的遷
徙與死亡。研究每年春天散落在高速公路上，被車輪壓扁的上
百具屍體。兩棲動物與垃圾的議題從高中時就令他備感興趣。
這一切都始於奧斯特羅夫（Ostrów）池塘裡的林蛙交配季。藍
色的雄蛙瘋狂地呱呱叫，牠們的皮膚閃著只應天上有的月光
藍。附近的居民在那丟了上噸的垃圾，嚴重影響對自然的觀
察。每年城市裡的人會贊助一點錢，克日什多夫會舉辦撿垃圾
的活動。那時他才注意到在垃圾中舞動的昆蟲；幾乎每個瓶子

都是某人的家或墳墓。

　　結束學業以前，他決定以更專業的方法來看待這個問題。他得到了一筆教育項目的款項，與他高中母校的學弟妹一起開始撿垃圾，他們在樹林附近撿了超過兩百五十個瓶罐。三分之一的瓶罐裡有活著的動物，而在一半的瓶罐裡找到了遺骸。約有一千五百隻生物死在瓶子裡。與估計相符，多數是無脊椎動物、甲蟲——準確的說是糞金龜，清理林地的大軍。令人驚訝的是，這些生物中有多達六種哺乳類生物。黃喉姬鼠（*Apodemus flavicollis*）、黑線姬鼠（*Apodemus agrarius*）、紅背田鼠（*Myodes glareolus*）、一隻普通的大田鼠和鼩鼱（*Soricinae*）——一隻毛茸茸的和一隻小的[97, 98]。

　　一場半業餘的小活動，得到了多少有趣的發現啊！《波蘭新聞社》（*Polska Agencja Prasowa*）報導了這項活動[99]；《速報》（*Teleexpress*）也做了簡短的報導。這股熱潮也引來了當地的電視臺記者。她興奮地想看看這些收藏，可是當她看到標本展示櫃時卻難掩臉上的失望。「這就只是一些甲蟲。」她一針見血地說。這些發現對她來說不夠震撼。這個故事讓我會心一笑，畢竟當我自己聽到「動物」一詞的時候，畫面會出現刺蝟大小的東西。我們可真是自負啊。在我們的觀點中，小甲蟲的小生

命似乎微不足道。

※

　　不久前媒體上流傳著一張照片——一隻瘦弱的狼，頭上頂著塑膠瓶。接著是斯洛伐克的一隻熊卡在金屬桶中，還有弗羅茲瓦夫的鹿卡在塑膠瓶裡[100]。大型、超凡的動物也無能為力，我們的不經意對牠們判了死刑——這種情況引起了憤怒，並且讓人謹記在心。但是誰會在乎幾百隻條紋糞金龜（*Geotrupes stercorarius*）卡在丟在路邊的汽油罐裡呢？垃圾與被困其中的無脊椎動物或小型嚙齒類是很小眾的話題。大家都清楚，若有人想進入生物學領域，通常是夢想著研究狼群的社會生活、熊類的飲食，或是靈長類動物的認知能力。大家從小就看這類與自然相關的電影，很少人是天生就對浮游植物或苔蘚學（地衣）有熱情。分解死去有機物的彈尾蟲（*Collembola*）其魅力是很微妙、不平凡的，只對特定的人有吸引力。

　　幾十年前在英國有了第一篇關於廢棄垃圾對動物界影響的文章。那時世界還相對乾淨，幾乎沒有塑膠。「一九六一年在樹籬上找到的牛奶瓶裡，發現了八種小哺乳類動物的遺骸。」

書序中寫道。經證實，困在瓶中的動物數量取決於瓶子的形狀、位置和瓶頸大小。牠們怎麼會爬不出去？許多動物在腳下滑溜且通常溼漉漉的玻璃上，無法將自己擠出瓶頸[101]。

　　儘管垃圾數量不斷地增加，英國科學家們的追隨者卻不多。半個世紀以來，與生物困在垃圾中有關的論文不超過三十篇。有些更適合稱為筆記，而不是文章。當然了，大部分內容與哺乳類有關，這個主題對研究員來說更有趣。一如所見，彈尾蟲不如黑猩猩熱門，原因卻是相當技術性的：在肢臂、殼、幼蟲、蛹和無法命名或計數的殘肢渾水裡打轉，是一項不被領情的工作。大概只有六篇論文試圖辨別無脊椎動物。

　　雅羅斯拉夫・斯克沃多夫斯基（Jarosław Skłodowski）和沃伊切赫・波德西亞斯基（Wojciech Podściański）在塔特拉山（Tatry）的研究中，刻意鋪設各種飲料容器，作為陷阱來研究生物定居的速度[102]。四週後，名為「可樂」的飲料罐捕獲了最多生物，而十一週後「啤酒」則無可匹敵。最先出現的是被氣味引來的蒼蠅，接著是掠食性昆蟲與以殘渣為食的食腐昆蟲等。現在這個研究方法被認為不可靠（垃圾在森林裡躺上好幾年）且具有爭議。就算以研究為目的，在森林裡亂丟垃圾都不被讚揚。

＊

　　在沒有資金的情況下，克日什多夫在撰寫博士論文的閒暇時間，開始了自己的科學游擊計畫：淨林與研究瓶罐的內容物。他想證明做研究的同時也能為自己的社區環境做出有益的貢獻。實際上這是有幫助的──十幾年前的研究證明，定期撿垃圾可以降低小動物的死亡率。根據估計，如果停止打掃塔特拉國家公園（Tatrzański Park Narodowy），每年會有三千六百萬隻無脊椎動物，甚至是一萬隻脊椎動物死在瓶罐中。更別說這可能對整個生態平衡造成影響[103]。

　　游擊計畫吸引不同領域的專家參加。所選的十個位在弗茲瓦夫（Wrocław）的森林（或許叫做「小樹林」更適合）中，每個都收集了近乎一百個打開的瓶罐，只有兩處沒有上演這齣戲碼。他們在小徑方圓十公尺找垃圾──隨手丟掉瓶子大概都是這個距離；準確記錄下材質種類、顏色、原內容物、容量、開口直徑、是否有瓶頸。團隊想知道哪種垃圾最容易捕捉到動物，有這麼多樣本數，當然可以預期一些有趣的發現。

　　濃稠的酒精裡漂著林地裡的老虎──掠食性甲蟲的殼。啞光、黑得像烤過的葵瓜子。隨著時間的推移，百分之七

十的酒精讓一切都變得更黑，失去了光澤。有時埋葬甲蟲（*Nicrophorus vespillo*）的殼翼會閃過琥珀色的亮光。牠們正在塑膠盒裡等著被分析。「尿盒」──他們用以稱呼比較大的甲蟲所在的透明罐子。比較小的則在稱為艾本德（Eppendorf）的小試管中。找到的近乎六百個瓶罐、上千犧牲的生物都塞在一個大紙箱裡。

＊

有一尾爬行性動物在938號尿盒裡安息，是年幼、乾癟得不成樣子的蛇蜥（*Anguis fragilis*）。較大型的遺骸中也有小型哺乳類動物，主要是鼩鼱，可以透過頭骨的薄壁或特有的下顎紅牙來辨別。或許鼩鼱把瓶子當成了窩，舒適地擠進瓶頸──這種窄道可以清潔牠們的毛。當然了，牠們也不是對瓶內的氣味無動於衷。克日什多夫發現，最容易使小型哺乳類動物死亡的是容量一點七公升、開口直徑約十九毫米、內部含有甜飲料的瓶子：在它的內臟裡存有十六具鼩鼱和囓齒類動物的屍骨[104]。

不過世界紀錄是：兩公升的水瓶中，塞有五十四隻小型哺

乳類動物[105]。

　　看來有些動物把垃圾當作「安全」的窩。幾個玻璃瓶中找到齧齒類動物帶來的種子，彷彿像個儲藏室。這種瓶子是不錯的小倉庫——尤其是在乾燥、陰涼處，瓶頸朝向地面的時候。而塑膠瓶特別受到蜘蛛的青睞；幾乎每三個瓶子裡就有一個有蜘蛛網的痕跡，一半的瓶子裡有脫下的皮，以及死的或活的蜘蛛。然而，最不尋常的是一個塑膠瓶裡有好幾隻蜘蛛，常常還是不同種類的，在一般情況下牠們無法共存。或許這共同藏身處的空間足夠，得以避免彼此競爭？

　　也有許多懸疑事件。在路邊溝渠發現的瓶子裡出現貝類是什麼情況？假設是這樣的：溝渠定期有水注入，而這些軟體動物的幼體可能被鳥的腳帶來。牠們在瓶子裡找到安全的避難處（牠們在這個發展階段能游泳）。溝渠乾枯，貝類死亡。

　　那螞蟻套著軟體動物的殼又是怎麼了？一開始，我們的研究員認為這是個意外。但是從客座專家、一位蟻學家那裡得知，切胸蟻屬（*Temnothorax*）和窄胸家蟻屬（*Leptothorax*）的螞蟻會定居在空的蝸牛殼中。牠們似乎比較喜歡花園蔥蝸牛（*Cepaea hortensis*），這種每個波蘭花園幾乎都會出現的條紋蝸牛。螞蟻的收藏之中，煙管蝸牛（*Clausiliidae*）精密的錐形小

屋是珍寶；儼然是座微型吳哥窟。

　　然而，最神祕的就非青蛙莫屬了。死去的棕色成蛙困在瓶子裡。青蛙的年齡可以準確地判斷：只要對骨頭進行脫鈣處理，切開看生長年輪即可。每年冬眠時鈣質會沉積在骨架上，這個時候被稱爲生長停滯期。骨骼分析，也就是所謂的骨骼年代學指出，這隻青蛙六歲。

　　一隻六歲的青蛙要怎麼出現在啤酒瓶裡？牠的體型太大肯定進不去，很難想像牠終其一生就待在瓶子裡。不過線索指出，牠的骨頭並不完整——很可能是牠的屍體被別的東西拖進瓶子裡保護，慢慢啃食。

2020年3月3日

11：01, 51°59´01, 6″N, 21°23´48, 9″E

　　FM210諾基亞（Nokia）呼叫器（BB.Call）。長八十五毫米、寬六十毫米——大約是身分證的大小。厚度二十二毫米。重量不足一百五十公克（不包含夾子），大概就跟一杯麵粉一樣重。我給出規格只是因為我們可能不太記得呼叫器長什麼樣

子了。目前的簡訊可以輸入多達一百六十個字母（不含波蘭字母）。呼叫器上的訊息最多只能有六十八個字母。簡潔的思想、乾淨衛生的意念。最多只能儲存六十條訊息；無法留存終生。

這只是我在馬佐夫舍省（Mazowieckie）白樺樹（*Betula platyphylla*）林邊找到的幾十種設備裡的其中一個。這之中還有電子零件、主機板和充電器。看起來不像是二十年前，呼叫器走入歷史時就躺在這裡的東西。有人不久前把這些東西丟在這。或許在地下室或車庫裡發現了這些設備？還是電子設備貿易商的老闆？理論上來說，應該可以找出這些被丟在歐謝茨克（Osieck）的呼叫器主人是誰——每款機型都有一組特別的識別碼。波蘭使用呼叫器系統者僅約四萬人。它與我們的政治體系改變一同問世，但是壽命卻很短，一九九〇年代末期手機已經普及。

第一支呼叫器在十九世紀中申請專利。無線電波接收要打電話的訊息，呼叫者的訊息則可由服務中心獲得。隨著時間的推移，呼叫器進展到能夠接收、送出文字訊息。呼叫器的熱度在一九八〇年代來到高峰。二〇一七年的數據顯示，有十分之一的呼叫器屬於英國的國家健康系統[106]。維護這些設備所費不

貲，但是當手機線路擁擠時，無線電就更顯其優勢。

　　我的一位自然學家朋友告訴我，在歐謝茨克附近的舊礫石坑裡有野外垃圾堆。人們就著掩埋垃圾的本能，把垃圾丟進這個坑裡。波蘭這個區域的典型景觀是沙地、稀疏的白樺樹、一排排栽種的松樹。還有垃圾。野外垃圾堆裡主要是大型垃圾，無法直接丟進垃圾車裡、難處理的舊物。諸如映像管剝落的舊電視。鍶、鋇、鉛直接滲入馬佐夫舍景觀公園（Mazowiecki Park Krajobrazowy）的緩衝區。也有被樹葉蓋住、被植被包圍的地毯、衣物、用塑膠袋包起來的建築用保麗龍。

　　每個郊區的森林幾乎都不難找到這種地方。總是小心地藏在不顯眼，但是附近居民都熟悉的角落。再怎麼說，在樹林裡丟垃圾都是件可恥的事，雖然就廢棄物的數量來看，這種行為很普遍。這是對整潔的錯誤渴望，畢竟野外垃圾堆會在這裡很久；就像真的垃圾場一樣，只是這是免費的。丟滿垃圾的森林是如此普遍，連在林地裡扎根的冰箱都讓我們覺得是自然的。

六、燈泡共謀

　　大概不是只有我的櫃子是座小型的「進步」博物館。一捲捲不再使用的電線、尋無主人的充電器、形狀怪異的電池。有人記得3R12電池嗎？我不久前才丟掉它。3R12只能用在扁平式的手電筒上，我的教父曾從英國帶給我過這種手電筒。很老，是方型的，現在看來小巧別緻，但十二歲時帶著它去參

加夏令營的時候，我只覺得很蠢。每個同學都有新的圓形橡膠巡邏手電筒，是美國電影中警用美格光（maglite）的平價替代品。我感覺自己好像穿上了某人不僅過時、還破了洞的鞋。

教父的手電筒來自史前時代，那時的電器都能無期限運作，只需要換燈泡和電池。舊手機在我的博物館裡占有很大的篇幅，它們似乎也是舊時代留下的產物。厚重又俗氣，像老式電腦、轉盤電話，也像打字機。有著凸出、幼稚的按鈕和小得可憐的螢幕。我的第一支、也是大學時期的手機阿爾卡特（Alcatel）有根一個月後就斷了的可伸縮天線，還有藏在翻蓋下的鍵盤，能儲存十五封簡訊。刪除「鑰匙在門墊下」、「鍋子裡有湯」這類訊息是很健康的。現在的我們口袋裡一直都裝著灰色的生活瑣事，一個日常檔案庫。

第二支是比較小的阿爾卡特，有一根突出的天線，兩個月後就斷了。它以其多音鈴聲為傲。儲存空間大了一些，但仍是雙行顯示的黑白螢幕。那時，有些人已經有了帶照相功能的手機，照出的照片又暗又模糊，拍攝會延遲，照片只有郵票大小。後來三星、摩托羅拉（Motorola）、諾基亞齊放。手機開始無恥地偽裝成電腦，有了出色的相機鏡頭和可靠的演算法。但它沒有要假裝成一支錶，卻成了錶，而這在皮帶上的老派物

品，過去十年間只戴在政治人物、總統或主管手上。事實上，這些人可能是繼承了祖父留下的傳家寶。

我一直在想，我爲什麼要收著這些纏成一團的電線，甚至還有二十年前從當時的女朋友那借來的錄音機。我爲什麼要保留3R12這麼久？是因爲「未來某天可能會用上」的神奇預感？還是祖母對戰時的深謀遠慮影響了我？或許相似的原因也讓我每次搬家時，都會將從來沒讀過的書帶離它們的原生家庭。一種無以名狀的奇怪情緒讓我同時渴望著新的東西，卻又替舊物感到可惜。所以只要我有空間，我就會囤積。但若哪天我的空間不夠了呢？

你們曾在市郊看到興起的建築，提供「倉儲空間」嗎？沒有時間整理祖母公寓留下的物品？把它們丟進乾淨、乾燥的倉庫，別再想這些東西了。每個有過有線電視的人，都看過拍賣倉庫的美國節目，裡面可能藏有垃圾或寶藏。有異味的舊家具或是具收藏價值的一九五〇年代棒球員人偶——有人願意花上幾千美元購買。又或是美國內戰時期的大砲拖車。

*

根據世界經濟論壇（The World Economic Forum），二〇一八年人類產出了五千萬噸的電子垃圾。這是增長最迅速的廢棄物種類，每年上升百分之三到五。這些垃圾的價值估計高達625億歐元[107]。遺憾的是，僅有百分之二十被回收再利用。其他的都進了垃圾場，燒掉或是拆解。對於剩下那四分之三的電子垃圾去了哪，我們毫無概念[108]。

全球市場增長，營業額不斷增加。這就是電子產品的壽命越來越短的原因。它被人為預設提前死亡；從很久以前就被設計成過了保固期後會發生故障。我們已經學會對此委曲求全地聳聳肩。但是情況正在改變。從二〇二一年起，生產商有義務產出更耐用的電子產品，並至少要在十年間持續生產更換的零件。新的規定在二〇一九年年底通過，洗衣機、洗碗機、冰箱、電視與照明廠商都適用。批評者表示，這不是完美的解決方案，因為消費者無法自行修理電器；而十幾年前還有生意的維修店已無聲無息地消失，招牌上的字：電器產品維修——一個個掉了下來。

波蘭社會學家齊格蒙・鮑曼（Zygmunt Bauman）說，浪費已經寫進了消費社會的本質。我們的經濟只有在加速發展的情況下才能維持住。隨著經濟發展，沒人需要的產品數量也跟

著上升。因此，生產商的任務是產生新的需求，並讓消費者永遠覺得不滿足；感覺有更好、更新、更貴的東西在等著我們。舊物因此越來越多，必須丟棄才有位置放新的東西。所以說，購買就是替代，能越快讓消費者覺得不滿足就越好。知足、滿意的顧客是最糟的顧客。

　　冰箱是相對直接的設備，用來保存食物。僅此而已，卻得絞盡腦汁想出新功能，說服顧客這些功能是必要的。幾年前的冰箱廣告，只要碰一下門就會顯示冰箱裡有什麼東西。有人義正辭嚴地指出，冰箱必須調整開門後的溫度差，所以每次打開冰箱門都會耗電。這是事實，沒有錯，但是生產一個「有畫面」的冰箱要花多少錢？螢幕要怎麼拆除？能夠好好地回收嗎？任何垃圾場都能處理嗎？

　　鮑曼也寫道，顧客和商品的關係已經被帶進人際關係的世界裡。在這些關係裡，我們也想擁有無限的選擇自由和行動自由，不想讓步與妥協。或許正因如此，消費才會這麼吸引人：我們發現自己在技術化的世界裡如魚得水，因為比起跟人，與電器設備相處更容易。在與商品的關係中，我們總是主體，從來都不是被馴服的一方；不需要商量、犧牲，也不需要總是活在「不是我想要的」感覺之中。新的洗衣機、冰箱、捲髮器將

能讀解我們的心思，會是安靜、值得信賴的朋友與家庭守護
者。在這段關係裡我們不必忠心耿耿。當我們對物品沒興趣，
或是對我們來說沒用的時候，便毫不猶豫地送它們進垃圾場。
它們的人生結束得越來越早。

＊

　　「讓生產商預設商品壽命」到底怎麼可能會發生？這個想
法已不是新鮮事。第一個被故意減短壽命的商品是燈泡。十九
世紀末時，燈泡通常可以照明兩千個小時。千禧年之初，燈泡
的壽命還更長。今天普通的燈泡最多只能用一千個小時。會變
成這樣，是因為對燈泡的「共謀」，這當真不是荒謬的理論。
　　請你想像一下，十幾年前代表飛利浦、歐司朗（Osram）、
奇異公司（General Electric）那些留著小鬍子的男士們決定要
多賺一點錢。一九二四年底，組成了由瑞士太陽神公司監管的
同業聯盟──太陽神壟斷聯盟（Phoebus cartel）。它的目的是
控管燈泡生產，確保它走上反方向。同業聯盟將確保商品的品
質下降，增加銷量。若生產商的燈泡壽命超過限制，就會被罰
款，由此成功縮短了燈泡至少一半以上的壽命。

現在很難找到幾年後才會壞掉的東西。經常還能在郊區
看到一些被人遺忘的手機、還能用的明斯克（Minsk）、莫爾
斯（Mors）或頓巴斯（Donbass）冰箱。滿是氟利昂*且耗電，
但是性質單純又不會壞。現代的電器都有能源等級標示，我們
也經常在廣告中聽到新電器更能節能省電的說法。生產商想說
服我們，購買有益於環境。不過卻沒有人告知（憑什麼要呢）
在生產過程中耗費的電力經常比產品的整個生命週期耗電量還
高，至少與已經生產了幾年的設備相比要高。生產一臺新的洗
衣機，是我們所有人都得負擔的眞實成本。

*

我拒第一支智慧型手機於門外許久。拿出老派、笨重又沒
網路的小手機時，我很驕傲。我一直擔心自己會掉進陷阱裡：
永遠在線上、整天回電子郵件、用瀏覽器查詢、確認我所有的
疑惑。不過就在三年前，我屈服了。女朋友說服了我，她說我
的生活會變得容易些。我還想過——雖然這聽起來很好笑——

---

* 作爲冷媒或氣溶膠使用，因會對臭氧層造成破壞，現已改良。

要將最新的賞鳥數據輸入到線上賞鳥紀錄裡。例如輸入「紅背伯勞（*Lanius collurio*），一隻」，GPS 就會準確地把我定位在科學文化宮下。

由此可見，促使人購買智慧型手機的動機各有不同。但是我擔心的事情終究發生了：如我一般是中下階層的代表，我那來自中國的智慧型手機控制了我的日常生活。若有一刻無所事事，我就會不自覺地掃過閃爍的圖片、新聞，臉書好友的早餐、午餐和晚餐；還有回電子郵件。我與我一週以前還嗤之以鼻的人們沒有不同。我停止看書了，尤其是在交通工具上。我一直在毫無意義地查看什麼，不過智慧型手機真的非常好用。

科技落後的鳥類愛好者的自白與陳腔濫調肯定讓你感到無趣。遺憾的是，我有嚴重的拖延傾向，每件會拖到我工作進度的事情，都很快就被我列入黑名單。手機的誕生畢竟是為了讓我們用上好幾個小時。看看那些歇斯底里地要父母買手機的孩子們吧。生活變得簡單，但卻必須為此付出代價。安全起見，我買了一支有按鍵、沒網路的舊式手機，雖然寫簡訊很是折磨，但我每天都會用它。這手機就算摔了幾十次都還能用，電池還可以續航好幾天。而智慧型手機主要被我用來當車上的導航，在較長的旅途中我會帶上它，而不是小臺的電腦。

　　不是所有人都像我一樣對自己的時間如此痴迷。智慧型手機是現代人的手的延伸。將計算機、手錶、鬧鐘、收音機、照相機、攝影機、導航、手電筒、水準儀、指南針，甚至是報紙等東西都擠出我們的生活。我們以看信箱、社交平臺、天氣或汙染預報來開啟一天。智慧型手機是我們的守密人，管理我們的私生活、工作，以及於此之間的所有事務。已經不會有人看到別人一早在大眾交通工具上目不轉睛地盯著手機而感到震驚。滑著新聞、玩遊戲、購物。很難有理由說服他們放棄這多功能又好用的設備。我們的生活似乎已經離不開智慧型手機了。

　　越來越多西方人認為，好好休息的同義詞就是在收不到手機訊號的地方進行「數位排毒」。不過這種地方越來越少了。世界上有九十億手機用戶，而這都集中在五十億人手裡。每年數字都在上升，每年都有新紀錄被打破。在未來幾年裡，印度、中國、巴基斯坦或孟加拉等發展中國家，將有數十萬人加入手機世界。根據估計，二○二五年將會有近六十億人擁有手機[109]，這也意味著，全球將有百分之七十一的手機使用人口。二○一八年生產了五十五款新型號手機，銷售了五億支[110]。據估計，二○一八年購買的設備將會在三年間被淘汰換新；而較

早的數據顯示，人們每一年半會換一次手機。

　　最便宜的手機目前要價幾百茲羅提，持有者當然一拿到就會開始想換新的。價格不貴並不代表它們不珍貴。處理智慧型手機是最賺錢的電子回收產業，在最新的手機裡能找到三十種元素週期表上的元素，銀、鉑或黃金等礦物被用來作觸點的導體。在iPhone 6裡僅有0.014克的黃金，這個數量的黃金價值約半美元，但它同時也占了所有元素價值的一半。雖然這不多，但是必須記住，一噸回收而來的濃縮原料含金量，比從地下開採的金礦提煉出的純金多一百倍。iPhone 6將近百分之七十的重量來自比較平凡的鋁、鐵和碳[111]。

　　最令人激動的莫過於用在電動車和電池上的稀土金屬。我們的未來取決於如何恢復礦藏，這樣說並不誇張。少了許多元素，我們的手機便不會這麼好，有許多元素直到幾十年前都尚未有實際用途。例如，目前我們用在雷射上的鐿（Ytterbium），以前它就只被當作一種有趣的化學元素。這類金屬不算少見，但是提取的過程都非常複雜。

　　第一，礦藏位置通常在難以抵達的地方。第二，很難分離。它們有相似的原子量、熔點和電化學結構。第三，開採這些金屬的過程多涉及侵犯人權，且得付出巨大的環境代價。

　　那為什麼不鼓勵修理設備呢？為什麼仍可使用的舊設備進了掩埋場的同時，包圍著我們的卻只有鼓勵購買越來越進步的新東西？為什麼沒有以任何手段來鼓勵使用二手設備？那些以動人的價格就能買到的設備？大企業活在「增長」的恐懼之中，而修理舊物、更換零件對他們而言並不賺錢。他們要的是提升產值、擴大物流，資金生生不息地在產業鏈中穩定流動。為什麼我們的世界總是站在生產商那邊，而不是與消費者同一陣線？為什麼我們對自己的痴迷使環境付出巨大的代價卻不以為意？

*

　　若僅有五分之一的電子廢棄物被適當、專業的機構處理掉，那剩下的會發生什麼事？出現在垃圾掩埋場裡，或者粗略、毫無標準地進行回收。每年電子垃圾山最後都會去到對其處理不留下紀錄的國家，那些回收此類廢棄物的法規沒有用、或是荒於執行的國家。迦納首都阿克拉市（Accra）郊區的阿格博格布洛謝（Agbogbloshie）就是其中最知名的電子垃圾場。

　　半個世紀以前這裡還有溼地，現在這裡因犯罪猖獗而被稱

做「索多瑪與蛾摩拉*」，主要居民爲經濟移民。一片浩劫後的
景象：一堆堆顯示器、焦黑的電腦主機殼、斷掉的主機板向地
平線延伸。印表機、剝落的鍵盤、破碎的映像管。這座可觀的
垃圾場籠罩在火焰的黑煙之中，在那被原始地處理掉。無論老
幼都在垃圾堆裡翻挖，某些地方還有牛在吃草。大概全球的垃
圾都來到了阿格博格布洛謝，然而很難確切地說從哪裡來了多
少垃圾。

　　因爲《巴塞爾公約》（*Basel Convention*）對跨境運輸危險
垃圾有所限制，電子垃圾便以「舊設備」或是「二手設備」之
名來到此地。一切都從一九九〇年代末期開始，那時西方國家
開始將舊電腦和電視帶到非洲國家去，旨在幫助縮小發達國家
與開發中國家的科技差距；然而據估計，這些設備中多達四分
之三不堪使用[112]。這裡僅回收銅或鉑等金屬，大量的鉛、砷、
鎘、戴奧辛和呋喃則飄散在空氣裡，或是滲入土壤與水中。
國際汙染物消除網絡（IPEN）與巴塞爾行動網（Basel Action
Network, BAN）的研究發現，阿格博格布洛謝地區的放養雞產

---

* 《聖經》記載的城市，耶和華因索多瑪與蛾摩拉的罪惡，要毀滅兩城。阿格
　博格布洛謝因生活條件惡劣且犯罪率極高，獲得此稱。

下的雞蛋之中，戴奧辛含量超標了兩百二十倍[113]。

　　巴塞爾行動網追蹤我們的垃圾。二〇一八年發布爲期兩年的研究報告中，揭露了某些歐盟國家的電子廢物情況。在三百一十四臺舊電腦、印表機和螢幕顯示器上裝了定位系統，並送到電子廢棄物回收處。結果證據確鑿，十九臺設備被出口到歐盟境外，其中十一臺去到了迦納、奈及利亞或泰國等發展中國家，離開歐盟的設備平均流浪四千多公里遠。據估計，歐盟國家每年將一百三十萬噸未造冊的電子廢棄物送離歐盟[114]。

　　此前，美國也對出口電子廢棄物做了類似的研究。結論是什麼？丟棄的設備之中多達百分之三十四離開了國境。美國沒有加入《巴塞爾公約》，因此處理的過程全屬合法行爲。根據巴塞爾行動網路，約有百分之六的廢棄物離開歐盟國家，而最大的出口國是英國。裝了定位器的液晶螢幕（含鎘）送到了奈及利亞、坦尚尼亞和巴基斯坦。波蘭的垃圾也遭到監測，被安裝了二十臺定位器。其中一臺發出最後訊號的地方在烏克蘭赫梅利尼茨基州（Volochysk）的沃洛基斯克（Volochysk），巴塞爾行動網認爲這「很可能是非法的」轉移。這臺被送到位在普魯斯科夫（Pruszków）附近小鎮米哈沃維采（Michałowice）沃伊切赫漢斯回收廠（Surowce Wtórne Wojciech Hanc）的映像管

螢幕，無法使用也無從修理[115]。

＊

　　波蘭回收及處理電子廢棄物的制度——說得好聽一點——並不值得效仿。就如其他廢棄物產業，電子廢棄物產業的資金也嚴重不足。波蘭是電子產品生產商的天堂，市場引入新產品的費用低得不可思議——這就是整個制度陷入困境的原因。再說，回收工作也做得不好。每個人都應該將電子廢棄物帶到特殊廢棄物回收處（Punkt Selektywnego Zbierania Odpadów Komunalnych, PSZOK），但這需要時間與良心。華沙的特殊廢棄物回收處位在深郊。誰會願意帶著壞掉的收音機穿梭車陣之中？就算我住的區有電子廢棄物行動回收站，但是我的鄰居還是會把壞掉的收音機、電風扇和錄音機丟進一般垃圾桶裡。

　　因為傳統上缺乏相關的教育，人們通常都不知道該如何處理壞掉的電器用品，他們不知道隨便丟棄手機的環境成本有多高。大量的電子廢棄物在黑市中流通。妥善處理電子設備的成本很高，但是將一臺洗衣機送給收破銅爛鐵的人，只拆解金屬部分——剩下的就丟棄在某處——的成本卻相對低廉且方便許

多。這樣做是非法的，卻非常普遍。積在子母車旁的舊螢幕、印表機和攪拌器也是由「私人募集」的，那些人在附近樹叢裡熔掉電纜和塑膠外殼。

商譽良好的瑞曼迪斯電子回收公司（Remondis Electrorecykling）負責人羅伯特・瓦若內克（Robert Wawrzonek），小心地衡量自己的言詞。他不想談論別人的罪過，在廢棄物產業內大家都很小心，競爭很激烈沒錯，但不總是檯面上的競爭。我可以看看廠內嗎？不行。因此，我只走過堆滿塑膠的倉庫，在深處，在黑暗之中，我看到舊型電漿電視，還有一位貼心男子在掃喇叭、螢幕的碎片和電纜。羅伯特・瓦若內克不想猜測官方電子廢棄物和現實數字的差異。大家心知肚明，差異是存在的。我們的回收能達到目前的數字，都得歸功於「做帳」。

簡單來說，「做帳」是這樣的：某回收商付錢帶走兩百噸的回收物，只回收處理了一百噸，但是在數字上記錄的是兩百噸。這誇大了進出回收廠的數量。而差異很容易隱藏，尤其是大公司又包辦整個廢棄物產業鏈：收集、拆解、處理、回收；整個循環經濟都在同一個地方進行。

大家都睜一隻眼、閉一隻眼，在許多生產電器用品的大公司、回收組織、處理廠、回收商與政府監管組織之間，存在著

互不侵犯條約。沒有人真的知道廢棄物的狀況，就當作紙上說的算。監管機構不會多過問，最重要的是要達到歐盟的要求。

　　目前的制度是由二〇〇五年制定第一部《電子設備廢棄物法》後發展出來的。從那時起，新的電子設備上便出現了畫叉的垃圾桶符號，這意味著該設備不應被投入一般社區垃圾中，也就是普通的日常垃圾裡。根據目前的法規，丟棄的設備應進行原料回收，並處理無法再使用的有害物質。每臺設備都含有容易再利用的金屬——鎳、錫、鐵、銅。原料回收能大大減輕對環境的負擔。這些金屬已經被加工濃縮，並不會如直接從礦物中提煉金屬產生那麼多廢棄物。連提煉的成本也省去了。

＊

　　電子廢物很令人頭疼，因為多樣，所以處理上較複雜。電子廢棄物能是一只手錶或是一臺大冰箱，耳機或是洗衣機。有一些高度專業化的回收廠只處理特定的設備，許多設備需要先進的系統來進行回收。瑞曼迪斯專門處理冰箱回收，需要專門的密封設施防止舊冰箱裡的氟利昂等有害物質流出。

　　也必須有淨化空氣的系統，以及回收、中和冷媒以使其對

環境無害的設備。過去沒有這些要求的時候，用斧頭把冰箱砍碎都是合法的，從引擎中回收的油可以再利用。冰箱後面大部分是廢金屬——壓縮機、引擎、網架。塑膠層板和玻璃層板也可以再利用。冰箱內部通常是聚苯乙烯，外殼則是金屬或塑膠。絕緣物質是聚胺酯泡綿，與介質分離後可用作燃料或吸附劑。

　　瓦若內克認為我們不應忽視積極面。二〇一五年的修正案帶來了一些合理的規範。電子廢棄物自此被分為六種，而不是十種。人們普遍理解的術語「大型廢棄物」——例如烤箱和冰箱——被取代，技術分類被引入。冰箱比烤箱要難處理得多，被歸入製冷設備；這種分類方式使收集和處理這兩種設備的結果更完善。烤箱與冰箱不再是同一標準，畢竟烤箱幾乎整個都是廢金屬，不需要複雜的技術來拆解原料。

　　「回收組織的權力將由國家機構接管，以使生產商積極參與回收」這個想法已經談論了一段時間，因為現在廠商們付上幾分錢就洗手不幹了。回收材料的價格往往很低，以至於誠實的處理商在盈利的邊緣經營，得壓低服務品質才能競爭。當然也存在著許多不良廠家。常常只要看一眼公司的文件就可略知一二—— 一間面積只有八十平方公尺的廠家，一年要怎麼處理

幾千噸的廢棄物？堆放廢棄物的空間在哪？拆解設備的廠房在哪？儲存待處理碎片的地方又在哪？哪裡來的空間處理可重複利用的零件？就算以上都有空間，哪裡還能有辦公室？

*

　　許多用於量產現代電子用品的稀土金屬，都在剛果民主共和國進行開採，這個國家長年籠罩在武裝衝突下，自一九九〇年代中以來，已有五百多萬人死於衝突。二〇一〇年，丹麥導演法蘭克・皮亞塞基・波爾森（Frank Piasechi Poulsen）執導的紀錄片《血手機》（*Blood in the Mobile*）便在探討這個主題。製作人進入條件惡劣的地下礦井，成千上萬的現代奴隸以普通錘子敲打岩石。鈮鉭鐵礦就是這樣開採出來的，以此煉出鉭——現代電子設備中的重要原料。

　　幾十個武裝團體輪流控制了這些礦井。政府軍、游擊隊、武裝土匪，他們的管理方式沒有不同，在礦井裡工作的人全都活在卡拉希尼柯夫*幫助的統治之下。礦工們多是未成年人，

---

*　AK47步槍。

遭受各種剝削：得付自己的工作稅，離開礦區甚至還得支付安全費用。他們許多人最終都成了沒有任何權利的奴隸。無止盡的戰爭對企業、中間商和指揮官來說都是利潤。在捲入無盡戰爭的地方開採，便意味著低廉的原料、零標準、無官方監控。

紀錄片製作人試圖向諾基亞──當時的市場領導品牌，詢問生產所用的金屬來源。諾基亞總是以自己創造完善的工作條件和高道德標準為傲。不過這次，在被高層、發言人和董事們搪塞了幾個月後，波爾森只得到了「公司正在盡一切努力」的保證；保證正在研擬系統性的解決方案，保證正在進行大規模宣導。說起來，他們做得並不多，甚至可以說是什麼也沒做。

二〇一〇年，美國前總統歐巴馬簽署了《多德–弗蘭克法案》（*Dodd-Frank Act*），以保護市場免受另一場金融危機影響，但在其中（某些分節中）要求電子公司審計並報告其生產過程中使用的原料來源。準備運送的礦物被記錄下來，並賦予特殊代號。不過，黑市當然也有應變方式：在經來源認證的礦物中混入非法取得、來歷不明的礦物。就現實狀況來說，如果西方公司想要完全確保產品是由道德原料製成的，就必須雇人監督整個開採、煉製、運輸的過程，這當然是不可能的。企業專注於至少在紙上要一切合乎規範。這確實做得很成功。

*

在行動電話領域試圖進行道德革命的是公平手機（Fairphone），產出第一支有原料產證、經檢驗合乎道德來源的手機。公平手機旨在提供比市場上更耐用的設備，而公司也提供完整的規格資訊，並生產零件以方便後續維修。

第一支公平手機於二〇一三年上市。用以生產手機的錫、鉭都來自剛果民主共和國經認證的礦場，但卻在中國組裝。由此可見，道德在全球市場上仍有界線。

第二代公平手機在第一代上市兩年後問世，機體比較大，功能更強，也更貴，使用來自盧安達認證的鎢和祕魯的金。公平手機是第一支在評價電子設備維修的ifixit.com網站上，得到滿分十分的手機。但是公平手機於二〇一七年起，停止更新第一代手機的軟體，也停止生產更換的零件。市場再次讓高尚的理念受到挑戰。公司無法負荷生產商所要求的訂單量。第一代公平手機的零件還能在二手市場上找到。不是所有使用者都對他們的設備感到滿意。

專家們預測，隨著世界走向5G，另一波電子垃圾的浪潮也即將到來。我曾經讀到某研究指出，我們換手機完全不是因

為虛榮心或是盲目追求新東西，我們更換手機是因為手機壞了，或是技術跟不上。手機在變老。以前不是這樣的，二十年前沒有任何科學研究，我還記得很清楚，我等到門號合約結束就為了用一茲羅提換新手機。但是那時手機主要是用來打電話的，型號廠牌沒有什麼不同，也不會壞掉。現代的手機更像是電腦。

　　大公司保證會盡其所能使電子設備完美運作，待機時間更長且不受電磁波干擾。大公司們看起來就像在無窮的善意中，幾乎放棄了利潤。

　　二〇一九年秋天，義大利反壟斷局要求蘋果公司支付一千萬歐元罰金，因其蓄意降低舊 iPhone 的速度。更新導致系統錯誤，並影響到手機的速度。使用者沒有被告知更新可能造成的影響，也不知道如何能延長電池壽命。蘋果的作為對義大利當局來說，是在迫使使用者購買新款手機。三星也接著付了五百萬歐元罰款，該公司拒絕承認蓄意降低電子設備速度的指控。兩款新的三星手機（二〇一九年發布）在 ifixit.com 上分別於滿分十分的維修可行度方面，獲得兩分及三分。相比該公司二〇一一年的手機，在滿分八分的評定中獲得了六分。

　　以色列、美國和法國也對蘋果發起訴訟官司。該公司於二

○一八年發布了機器人黛西，每小時可以拆解兩百臺iPhone。
每年就會是一百二十萬臺。同樣在二○一八年，這間美國公司
售出了兩億一千七百萬臺iPhone[116]。

*

　　比利時的首都不僅是歐盟總部所在地，也是許多試圖影響
公共行政的非政府組織的工作場所。其中之一便是歐洲環境局
（European Environmental Bureau, EEB），它集結了近一百五十
個廣泛參與環境保護活動的組織。歐洲環境局除了推動零鎘
——這種有毒的元素會累積在生物器官中並損害神經系統——
運動，也不斷提高人們對生產易修理、易回收的省電設備的認
知。

　　數據顯示，百分之七十七的人想修理持有的設備[117]，而不
是購買新的，可是修理的費用往往過高。歐洲環境局因此發起
了物品修理權的運動，要求立法限制減少電子垃圾產生。確切
內容是什麼？主要是改變設備的設計，讓它們能夠容易維修。
歐洲環境局也爭取要讓備用零件容易取得，並且是容易更換的
板塊形式。

　　不安當然會喚起對經濟增長放慢和數字指標下降的恐懼。歐洲環境局也因此致力於支持維修產業和就業機會，而最重要的是節省大量原料並減少環境負擔。從政治人物的角度來說，這些都不是能明顯改善現況的作為，他們只考慮立即見效的作法。不過，要是我們認為後代子孫的世界取決於我們現在的作為，那麼節省資源與愛護環境就應該是首要的課題。目前，生產者延伸責任附加費只含電子廢棄物回收費；歐洲環境局希望資金也能用於準備電子設備再利用。歐洲環境局也宣導引入類似ifixit.com的評分系統，提供消費者設備得以維修與否的資訊。

＊

　　與歐洲環境局比鄰的是歐盟回收再利用社會企業（Reuse and Recycling Social Enterprises in the European Union, RReuse），由歐盟二十四國中約三十間公司組成的聯盟，負責再利用、維修和回收電子用品，也回收舊衣、家具、書與玩具。其旨在創造就業機會，並讓更便宜的二手商品重回市場以與社會排斥現象抗衡，也反抗鼓勵丟棄壽命未盡物品的消費文

化。RReuse的合作夥伴雇用了約十四萬人。從垃圾場拯救出一百噸廢棄物，其中三分之一還能使用。他們每年的營業額高達十五億歐元[118]。

　　二〇一九年五月，RReuse在華沙理工大學（Politechnika Warszawska）舉辦了一場小型研討會。研討會廳內門可羅雀。從名單上可知，大部分的聽眾是電子廢棄物產業的員工、學校員工，以及幾個對零浪費有興趣的人。RReuse的波蘭合作夥伴，聘用殘疾人士的艾康（Ekon）公司代表也在座。在他們的工廠裡，電子廢棄物被分成二十八種，設有兩個專門判定設備是否得以維修的工作站。該公司面臨重大的財務問題，所幸部分能以出售二手設備來填補。然而，由於缺乏來自回收組織的資金，難以應付日益增長的組織與法律要求。因為回收及處理廢棄物的公司有義務進行審計、投資基礎設施、安裝監測網路或是符合更嚴格的消防法規。

　　捷克公司阿瑟柯爾（Asekol）波蘭營運處的米羅斯拉夫・巴西丘克（Mirosław Baściuk）同時也說，在伏爾塔瓦河（Vltava）的生產商要將新品引入市場時，首先就意味著要比在波蘭付出更高的回收附加費。這能促進競爭，回收公司會爭相搶收廢棄物。阿瑟柯爾在捷克城市的街道上有超過三千五百個

小型設備回收箱，這些箱子由生產商出資設立。每年因此收集了八千五百噸的電子廢棄物。

被稱作「維修員」的耶日‧瑟朋達（Jerzy Cependa）是一位電子雜工，他從他的角度談產品過時的問題。原來我們就住在附近。我帶了某位鄰居丟進垃圾車裡的大型電扇與會，來自利沃夫的耶日認為，這臺電扇或許還有救。

喝咖啡時，他以一口漂亮的波蘭語向我解釋他的理念。不嘗試修繕就一股腦地購買新設備，對他來說就像在森林裡亂丟垃圾一樣令人咋舌。他畢業於利沃夫科技大學，主修印刷工業自動化，於二○一○年來到華沙。在烏克蘭很難找到與其所學相關的工作，而在波蘭──很難拿到同行波蘭員工的薪水。某間生產桌遊的大公司，付給他一千兩百茲羅提的月薪，這在華沙難以維持生計。

幾年前他開始修繕家電設備，每天都會接到幾通維修需求的電話。有時候，他只是清洗髒掉的墊片，或是從洗衣機裡拿出充滿狗毛和小碎片的濾網。現在已經很少人知道怎麼修理東西了，顯然我們已經習慣了「不值得這樣做」的想法。耶日幾乎每天都會遇到設備被預設淘汰的例子。不久前他拿到一臺使用了三年，發出噪音且在浴室裡移位的洗衣機。結果發現是不

鏽鋼滾筒以劣質的材料製成；三年後便從圓筒狀變成了蛋形，因此開始發出越來越強烈的共振。滾筒還開始刮下洗衣機的塑膠殼壁，直說就是：一切都被預設為完全不值得維修。

家電用品不耐用但便宜，因此所有人都能購買。現在誰會花錢買比較貴的設備呢？我們已經習慣了可以立刻入手想要的東西。整個小額借貸與零利率分期的系統都在鼓勵購買新的電器。沒有任何跡象考慮到原料將盡、能源成本或電子廢棄物產生的汙染。再說，也不是只有便宜的家電壽命不長，昂貴且要價幾千茲羅提的冰箱也一樣，以上好的材料製成，還擁有幾十種從沒用過的功能。當其中一個感應器壞掉，時常得更換整個要價不菲的面板。洗衣機幾十年來畢竟就是個在水裡滾動衣服的滾筒，為什麼需要加上彩色顯示器、提醒、延遲和其他幾十種功能？

耶日注意到，現今家中的配備都很劣質。手把、窗戶、門、門鉸、軌道都以粗劣的材料製成。電池通常是一次性的。金屬的部分被塑膠取代，要修理馬桶蓄水槽，換墊圈是不夠的，得換掉大半部分的東西。而這些維修都會產生很多垃圾，通常就是塑膠。

＊

在寫這章的時候，我一直在和壞掉的電腦搏鬥。要是我放著一下沒使用，它就會關機，我做了幾小時的工作也隨之化為泡影，早上坐在電腦前才剛寫好的東西全被刪除。迦納垃圾場的故事我寫了三次。有各種可能導致當機、系統錯誤。我在電腦服務中心看著一位位客人帶著收據離開。「先生／小姐這個不值得修了」、「這個系統已經停止更新了」、「已經找不到這種零件了」。維修廠員工一口認定這是冷卻系統壞掉造成的問題。更換風扇要價三百茲羅提，結果換完後還是會當機。我努力抗拒購買新電腦的誘惑，每十分鐘就把文字存到隨身碟裡。

與此同時，世界上運作得最久的燈泡正點亮著加州利佛摩（Livermore）消防隊的地下室。這顆老舊、脆弱的燈泡從一九〇一年便發散著溫暖黃光。幾乎在發現血型和頒發第一個諾貝爾獎的年代，它就閃耀著。這顆破紀錄的燈泡由薛爾比電氣公司（Shelby Electric Company）製造。根據發明家阿道夫・亞歷山大・夏耶（Adolphe Alexandre Chaillet）的設計，燈絲以碳纖維製成。寫下這些文字的同時，我正看著線上攝影機[119]，每三十秒會更新一次燈泡的動態。利佛摩是早上五點，還沒有人

在大樓附近走動。消防員們在睡夢中,而老東西仍閃耀著。

　　昨天耶日・瑟朋達打電話過來,電風扇成功修好了——就只是積了太多灰塵而已。

2019年1月20日
13：07, 52°13′40, 1″N, 21°07′39, 5″E

　　西亞特Ibiza是設計之王喬蓋托‧喬治亞羅（Giorgetto
Giugiaro）的作品，他被認為是二十世紀最優秀的汽車設計
師。他設計了經典的Golf I、瑪莎拉蒂GHIBLI還有許多尼康
（Nikon）相機。然而，我手中正抓著三塊不起眼的西亞特Ibiza

汽車內裝。支架以聚丙烯和滑石粉混合製成，可以穩定零件且不易變形。還有以聚丙烯與有趣的三元乙丙橡膠（Ethylene Propylene Diene Monomer）製成的保險桿，即使在低溫下也能抗衝擊。支架旁還躺著從駕駛座拆下的通風設備、置物箱，1998年的西亞特Ibiza殘骸。每個部分都有詳細的批號、塑膠種類和製造商標準號。

　　製造汽車用上越來越多塑膠。金屬被以玻璃或碳纖維加固的特殊聚醯胺取代。塑膠在汽車用途上有其優點：重量輕──可減少燃燒及能量損失，對外部因素的抵抗力也很強。讓我們欣賞這些優點。我們能想像汽車以木頭或是金屬製成嗎？要是以這些材料製成的汽車產生撞擊，會是什麼樣子？在汽車產業中，塑膠的地位並不受威脅。我站在一條泥土路的盡頭，這裡有著最奇怪的垃圾。成套的舊餐具、像是來自武打場景的椅子，斷得一塌糊塗，還有一張舊沙發床。我是為了大自然而來的，不是為了垃圾，但我幾乎沒空注意赤楊樹林中喧鬧的黃雀（*Spinus spinus*）。忘了留意通常在山楂樹頂觀察整個區域的灰伯勞。我走過草地，因霜凍變硬的草纖維在我腳下窸窣作響，但有時會聽到塑膠瓶被踩到的聲音。

　　這片土地從北到西都被國道二號給環繞，整天充滿著車

響。南側被住宅區包圍。這一側則被裝潢廢棄物入侵：被挖開的舊基座、磚頭、發泡膠、聚苯乙烯。還有從舊房子拆除的家具——櫥櫃、馬桶蓋、床墊、破掉的沙發床。此地可恥的祕密在早春時節最容易被看見，在褐色的一枝黃花（*Solidago*）枝桿中，垃圾特別醒目。

向警察檢舉垃圾或是焚燒垃圾並不受歡迎，我們完全就像活在監獄次文化中。像是無聲的合謀。警察和巡邏隊不願意受理這種案件，很明顯——偵破率微乎其微。誰該清理？理論上來說，市府當局應該負責，但是每天都有新的垃圾出現，清理畢竟還是愚蠢的作為。

垃圾大概會自己分解吧。華沙蹄灣（Zakole Wawerskie）是華沙自然景觀中最珍貴的一個。複雜的土地權問題不允許此地設立應得的保護區。自然界的黃金國（El Dorado）是這樣的：廣闊的草地綿延成一片菊蒿（*Tanacetum vulgare*）林，低地處有蘆葦叢、莎草（*Cyperaceae*）叢、蓬鬆的柳條、壯麗的赤楊樹林，甚至還有老果園和垂死的楊樹林道。開闊的空間、廣闊的地平線和真正的沼澤，僅距離科學文化宮不到十公里。垃圾出現在這種地方是椿罪孽。

七、聚合物的靜物畫

　　按照現在的標準，這個房間幾乎可以說是空的。僅有三張椅子和一個箱子。牆上有照片（風景畫與靜物畫）和映照著女主角臉龐的鏡子。〈掃地的女人〉（*Room in a Dutch House*）背對畫面。她俯靠在掃把上，無法得知是在沉思還是沉浸於工作之中。她是否喃喃自語著？還是沉默無聲？右邊有一扇開著的

門，深處有擦得閃閃發亮的盤子。平靜籠罩著。「平靜」這個名字也很適合這幅出自荷蘭黃金時期最鮮為人知的畫家——彼得・揚森・艾林加（Pieter Janssens Elinga）的畫。

畫家們別具風格：當維拉斯奎茲（Velázquezy）畫下宮廷，尼古拉・普桑（Nicolas Poussin）說著繆思、逃出埃及的故事；艾林加畫了掃地的女人。不過這幅不是心理學畫作。艾林加不是林布蘭（Rembrandt），每條皺紋都訴說著筆下人物的複雜性。掃地的場景只是個藉口，用來展現帶圖案的地面與牆面上光影的遊戲。畫中沒有形上學，因為艾林加不是道德家，也不是人性研究員。荷蘭的畫家吐露出藝術自由。

畫中的掃把當然可能有清潔的意思，而打掃則是與罪惡爭鬥。鏡子可以象徵驕傲；但艾林加的鏡子純粹就是鏡子。這樣對我們比較好。繪畫中，不是每個東西都必須要有寓意，這稍微療癒了人往複雜處想的思維。

那髒汙呢？垃圾呢？已經清除，被掃地出門了。偉大的畫家沒有畫出落在地上、在富人家垃圾桶裡腐爛的東西。這種與現實的激進抗爭還為之過早。垃圾是看不見的黑暗面，是中產階級寬敞、明亮的房屋裡最大的敵人。

英文裡有「Dutch clean」這個短語。沒有比荷蘭房子更乾

淨的了，尤其在十七世紀臭呼呼的歐洲背景下。無論掃把是否
存在寓意，它都告訴了我們髒汙與垃圾——就算在畫上沒有出
現——是現實的一部分。是現實與道德的一部分。這就是掃把
在荷蘭畫作中經常出現的原因。掃把出現在維梅爾、特鮑赫
（Ter Borch）的愛徒卡斯帕・內切爾（Caspar Netscher），以及
其他畫家畫作的角落。在揚・斯特恩（Jan Steen）的畫作〈酒
醉夫婦〉（*The Drunken Couple*）中，熟睡的女人與發酒瘋的男
子腳下散落著垃圾。垃圾是混亂與衰弱的象徵，但在地上，也
算是個合適的位子。

　　荷蘭畫家讚頌中產階級的美德：節儉、足智多謀、整潔。
他們的時代還沒有災難性的垃圾。垃圾之難將發生在未來，在
二十世紀下半葉，由戰後消費興盛、一次性用品與規模生產造
成。或許這是垃圾從未在文化中占有一席之地的原因：如此普
遍、常見、恆久，卻總是出現在偏遠的某處。我們現實的反
面，骯髒、黑暗、生理的一面，在畫裡都未被呈現出來。畫家
再說也是人，與其他人的視線一樣，避開了垃圾。對消費主義
及其代價毫無節制的批判，直到近十年才越趨大膽。近幾年，
由於汙染和環境惡化的議題引起大眾的注意，對垃圾在藝術中
的態度也產生了改變。

＊

　　在荷蘭黃金時期之後的很長一段時間裡，什麼也沒有。我們所關注的轉折點必須走過發酵、混亂和不確定才會出現。這個時期，人們會感到世界的根基在動搖，而幾世紀以來立下的秩序很快就要崩解、支離破碎。沒有，我沒有說是我們的時代。

　　二十世紀初，革命的煙硝正在上升，煽動者激起動亂與人民的憤怒，舊帝國瓦解。猛流捲走了一切，也包括文化。歐洲的藝術大概花上最多時間來面對自己帶來的樓宇大廈。浮誇地背棄了西斯汀禮拜堂＊（Sistine Chapel）、卡拉瓦喬（Caravaggio）的明暗對照畫風或是哥雅（Goya）的〈想〉（*Los Caprichos*）系列畫作，轉向那些被認為不值得在公眾下展出的東西。

　　最難的是找出規模生產與功能性物品的潛力。誰是第一個？布拉克（Braque）和畢卡索的拼貼畫（*papier collé*）——

＊　位在梵蒂岡，以米開朗基羅的〈創世紀〉穹頂畫與〈最後的審判〉壁畫而聞名。

以薄紙片或媒材，有時是普通的壁紙貼在畫布上？還是弗拉基米爾‧塔特林（Władimir Tatlin）掛在牆上以木頭、夾板、金屬片與線繩組成的反浮雕？或是馬塞爾‧杜象（Marcel Duchamp）以〈噴水池〉（*Fountain*）為名的翻轉小便桶？這是最先出現，也是最有名的現成藝術之一，平凡的日常品因展出而躍身成為藝術品。畢竟這些東西不具有平凡的美學，它們引人注目的原因就只是與畫廊觀眾習慣入目的東西不同。

　　我認為，我們所關注的轉折點將會由一群煽動者發起。和平主義者或是無政府主義者。達達主義者。分類、既定秩序、僵化價值觀的敵人。真正的轉折意味著歸零、藝術捲土重來，也意味著感性回到孩子最初發出「達達」聲的時候。

　　柯特‧希維特斯（Kurt Schwitters）可以說是推了垃圾藝術一把，他是該主義的信徒，也是獨立作家，他有一則著名金句：「所有藝術家吐出來的東西都是藝術。」以前沒有，以後也不會有比這更激進的信條，這句話完全開啟了藝術與對藝術想法的新篇章。

　　希維特斯這個人，「若不在寫詩，就是在做拼貼；若不在黏東西，就在做自己的柱子[120]，他用他天竺鼠洗澡的水來洗腳，在床上加熱一鍋膠，在少用的浴缸裡養烏龜，他誦

讀、繪畫、印刷，把雜誌剪成碎片，他接待客人，出版雜誌《Merz》，他寫信，他做愛……[121]」我們就舉例到這裡，因為我們或許已經知道原文該有多長了。

希維特斯想以任何所及的東西來做藝術作品。火車票、漂流木和腳踏車輪輻。他收集商店包裹起司的紙張、絲帶、鈕扣、材料片、找到的羽毛和草葉。他認為這些東西也可以是與顏料相當的媒材。希維特斯的作品使用了垃圾桶裡的東西，但是並不帶有批判意味，也不是對文明的控訴。意識到消費鏈的末端剩下垃圾，其無可避免的無用結果將是藝術發展的下一個方向。

＊

戰後，法國觀念藝術家阿爾曼・斐迪南（Arman Fernandez）開始探究垃圾這個主題。他最初的作品靈感來自希維特斯，是蓋印在材料與紙上的〈印記〉（*Cachetes*）系列。這個系列探索了規模生產的主題。或分散或擁擠，略帶規律的間隔，有什麼比一致的印記更能表達寓意呢？

對我們來說，阿爾曼最有趣的作品是稍晚創作的各版本

〈資產階級垃圾〉（*Déchets Bourgeois*），也就是在壓克力箱裝入垃圾桶裡的垃圾。藝術家欣賞它們的原創美、色彩與多樣性。他沒有排列、修飾或對垃圾做造型；就只是把垃圾丟進箱子裡，任其組成。包裝紙、香菸盒、茶盒、舊衣、蛋殼、沙丁魚罐頭。一窺別人的垃圾桶總是很有趣，畢竟我們看到的是某人生活中最私密，且最親密的部分。

　　一九六〇年，阿爾曼以溢到街上、密密麻麻的垃圾填滿了艾瑞絲・克萊特（Iris Clert）的藝廊。展名為〈充實〉（*Le Plein*），呼應幾年前伊夫・克萊因（Yves Klein）在此展出的作品〈盧空〉（*Le Vide*）。克萊因的作品是耐人尋味的白色空蕩空間，裡頭有一面空無一物的櫥窗。這片盧空被家具、廢金屬、紙箱和常見的垃圾給填滿。理想化卻不真實的無菌空間，對比誇張、骯髒且混亂不堪的物件團。又一泛濫成災的意向，無法讓人不想起伊塔羅・卡爾維諾的〈雷歐妮亞〉。

　　同年，受到達達主義與形式決裂的啟發，新寫實主義運動開始。新寫實主義創立的傳聞是：三位朋友決心成為世界的主宰，所以將世界劃分為三塊。伊夫・克萊因負責有生命、有機的東西，克洛德・帕斯卡（Claude Pascal）負責自然但無生命的東西，例如岩石和石頭，而阿爾曼的王國則統治人造物。阿

爾曼天生就是個收藏家，可能遺傳自在抽屜裡收藏酒瓶軟木塞的祖母。隨著時間過去，他擁有全美國（他於一九六○年代末移居）最大的非洲藝術品收藏。他也收集電木收音機、手錶、日本盔甲和歐洲槍械。阿爾曼展出了令人不安的物品：防毒面具——被冷戰啓發，再次回應杜象的現成藝術。

　　一九六○年代末，阿爾曼移居紐約。他並不是第一個被這座城市的活力吸引的人。美國——巨量累積、過量生產的世界，物品的超存在不僅是藝術的直覺，也是普遍且理所當然的現象。阿爾曼以慣有的風格創作了〈沃荷的垃圾桶〉（*Poubelle de Warhol*），經典的組合藝術，放置在展示櫃中，但他的美式作風日益增長。也許他晚期最有力的——就影響力與尺寸來說——作品是〈長期停車〉（*Long Term Parking*）：在巨大的混凝土柱中嵌入幾十臺汽車[122]。

*

　　現成藝術、資產階級的垃圾引起了難以理解的混亂。現代藝術往往需要註解。它可能令人不解，很難看出端倪。沒經驗的人有理解困擾並不奇怪，藝術從很久以前就不是普遍美了。

藝術應該是「能引發什麼？」，而不是「這是什麼？」很少有
創造性的八卦、聰明的挑釁，更常有的是冷諷、刻意引發的爭
議，目的是抓住注意力，借機宣傳藝術家。就如每位心思簡
單、粗俗的民眾，我也對那些「應被欣賞」的藝術品有欣賞困
難。就只因為專家、評論家、策展人以我不懂的語言認定了該
作品。而這也是每次藝術的眼光與大眾的常識碰撞時，我都會
有惡意滿足感的原因。

　　二○○一年，達米恩‧赫斯特（Damien Hirst），這位或
許最負盛名的英國現代藝術家，在眼球風暴藝廊（Eyestorm
Gallery）展出以派對後的殘局為主的裝置藝術：沒喝完的咖
啡、啤酒罐、盛滿的菸灰缸、報紙、作畫工具。這件作品估價
六位數。然而不是所有人都為它讚嘆。布置好展品的隔天早
上，清潔工伊曼紐爾‧阿薩爾（Emmanuel Asare）先生將這件
作品丟進了垃圾桶。他後來坦然地說：「我看到這個垃圾箱的
時候還嘆了氣。我沒料到這是藝術品──對我來說這看起來不
太像是藝術。所以我就收進垃圾袋裡丟了。」

　　現在我們知道意外破壞了赫斯特作品的人的名字，對許多
人來說，他是個英雄，因為他把垃圾丟到了它們該去的地方，
說道：「國王的新衣」。這不是藝術，而是藝術的假象。然

而，藝術界沒有人敢承認這一點。藝廊的員工在驚慌失措中以照片中的擺設重現了這件藝術品，為確保安全還加上了一塊寫著「請勿觸碰」的牌子。清潔工後來保住了工作，而藝術家本人對此事件的評論趣味十足，甚至加強了這個觀點：赫斯特是對現代藝術市場瞭若指掌的騙子，以自嘲來宣傳，並炒作作品的價值。

幾乎相同的故事也發生在義大利博爾扎諾（Bolzano）的繆斯之殿（Museion）博物館，莎拉・哥德施米德（Sara Goldschmied）和埃雷奧諾拉・奇亞里（Eleonora Chiari）兩名義大利藝術家展出名為〈晚上我們去哪跳舞？〉（*Where Shall We Go Dancing Tonight?*）的作品。這項展品中有香檳瓶、菸蒂、拉炮紙片和散落的衣物。作者表示，這項作品表現出享樂主義、消費主義和一九八〇年代義大利的騙局。策展人把這種衍生模仿叫做「激進藝術」或「顛覆藝術」要如何在夜裡好眠？而這件作品被不知情的清潔工包進垃圾袋裡；只有一部分物品被救回來。博物館主任萊蒂奇亞・拉加利亞（Letizia Ragaglia）對此相當憤怒。她解釋，這是新員工的過失，她保證自己強調過只要打掃大廳[123]！

許多藝術家都遭遇類似的情況。我們就舉幾個比較重要的

來說吧。第一個大概是約瑟夫‧博伊斯（Joseph Beuys），他的作品──地上的油漬，被杜賽道夫藝術學院擦掉。馬丁‧基彭貝爾格（Martin Kippenberger）在多特蒙德（Dortmund）奧斯特瓦博物館（Museum Ostwall）展出的〈屋頂開始漏水時〉（*When It Starts Dripping From the Ceiling*）的待遇則不同。這件作品由木條做成的木塔及橡膠槽組成，槽內塗有模仿乾涸雨滴的顏料。保險公司估其價值為八十萬歐元。清潔工就只是將水槽刷洗乾淨，只能說她的過錯是盡忠職守完成工作，如同每位家庭主婦試圖找回日常用品的美感。我不知道他是否丟了工作。

*

　　這裡的森林是能長在廢墟中的先鋒白樺樹，湖泊是混凝土水庫，山丘是礦渣堆。黛安娜‧萊洛內克（Diana Lelonek）小時候不知道「自然」看起來跟這令她熟悉、後工業時代的西里西亞景觀有所不同。很少景觀比採礦後留下的環境更有人類的痕跡。在退化的貧瘠土地上只有易生的荒地植物。萹蓄（*Polygonum aviculare*）在裂開的人行道上蔓生，小蓬草

（*Erigeron canadensis*）在空蕩廣場上的柏油路裂縫中發芽，發育不良的楊樹在生鏽的溝渠中顫抖著。

說起來很慚愧，但我認識黛安娜·萊洛內克是在她被《政治護照》（*Paszport Polityki*）提名前不久的事。當時視覺藝術家、攝影師與收藏家帕維爾·汝科夫斯基（Paweł Żukowski）跟我提起她的作品。帕維爾的作品主要被畫家耶日·諾沃西爾斯基（Jerzy Nowosielski）啟發，將圖案燒在麵包砧板上，或將標語刻在漆皮舊櫥櫃上。他迷戀於使用廢棄物料：攝影裝飾物、普通紙板、家具、被丟棄的室內植物。而最有名的可能是他在《波蘭報》（*Gazeta Polska*）總部前聲援「LGBT to ja」（我是LGBT）活動，以抗議該報分發「Strefa wolna od LGBT」（無LGBT區）貼紙。帕維爾在雜亂的公寓──他的工作室裡，向我解釋黛安娜·萊洛內克的作品主要以垃圾、文明與自然衝擊為主題。

黛安娜·萊洛內克第一件備受讚譽的作品是二〇一五年的〈昨天我遇見了真正的野人〉（*Yesterday I met the really wild man*），一系列的照片展出一群沉浸在風景中的自然主義者。其中一張照片裡，他們站在後工業荒地特有的植被中。另一張照片裡，他們爬上大沙丘，無線電桿在他們頭上晃動。這是被

人類烙上了不可逆烙印的自然環境，一片人為的景觀，在此只有需求最低的生物才可生存。

這些照片以大尺寸展出，展示出寬闊的前景，在這個鏡頭中比例恢復正常：人在背後巨大的天空、樹木和空間前渺小且無力。他們靜靜地站在一枝黃花叢中，看起來像是麋鹿，像是野生動物，僅是活在被改變的環境下，諸多物種中的一個。

萊洛內克後來的作品中，要說有衰敗的預感，不如說是對災難將至的肯定，以及指責。唯一的安慰是，自然將繼續下去，世界沒有我們仍會繼續轉動。這種感覺在她的作品〈環境部被中歐混合林淹沒〉（*Ministerstwo Środowiska porośnięte przez środkowoeuropejski las mieszany*）中展現出來，這是她替地球衛星照片（Sputnik Photos）組織在「反砍伐比亞沃維耶扎原始森林（Puszcza Białowieska）」活動中所做的宣傳看板。政府大樓在這張蒙太奇照片中被植被覆蓋，看起來就像電影中世界末日的場景：又或者說這是普里皮亞季（Prypiat）的真實照片，一座距離車諾比核電廠幾公里遠的鬼城。這個禁區的例子告訴我們，自然會適應條件繼續下去，而特殊的物種將吞噬我們創造出的一切。

她接下來的作品有更強的批判性。譴責剝削、過度生產，

還有正緩緩將我們推入險境的——資本主義對經濟指標的追求。人類有罪，而罪惡的根與人類中心主義文明及其意識形態的上層建築一樣古老。

萊洛內克以詼諧回敬奠定歐洲思想的人，讓真菌長在瓦迪斯瓦夫・塔塔爾凱維奇（Władysław Tatarkiewicz）《哲學思想》（*Historia filozofii*）一書中的肖像上。哲學家們被困在培養皿中。這個項目名為〈生命療法〉（*Zoe-terapia*），她又一次嘗試恢復人類與自然之間被破壞的平衡。達爾文就算是達爾文，無論成就有多高，只要條件許可，雜色麴黴（*Aspergillus versicolor*）便會快樂地長在他的臉上。

在作品〈新考古學：利班與普瓦舒夫〉（*Nowa Archeologia: Liban i Plaszów*）中，垃圾成了主角。萊洛內克翻玩考古工作的作法：展示照片，以及從普瓦舒夫集中營地區和利班礦場收集來的物品。她的發現很多元：消費產生的普遍垃圾、包裝、建築繩索、蘋果電腦充電器的殘骸，或是舊的PWN*百科全書，攤開在字母E和詞彙「Europe」定義的那一頁。潮溼、起皺的書頁，看起來像被踩扁的蟾蜍鰓。現今礦場與殺戮場的景

---

* 波蘭一家出版社。

觀是一座野外垃圾堆，恣意生長的自然加上廢棄布景的元素，帶來虛假的歷史深度，史蒂芬・史匹柏就在此地拍攝《辛德勒的名單》（*Schindler's List*）。鋪滿猶太墓碑的小路，或是營區的柵欄，存在於已不存在的地方。今日，絲毫沒意識到的遊客把這裡當作戰爭的警惕。

*

垃圾可以輕易地比喻所有東西；它能訴說我們世界的過度、臨時性與混亂。網路就像「垃圾」桶。「垃圾」食物、「垃圾」合約。我們等一下就要開始談「垃圾」生活了。能以垃圾來講述現代性，這也難怪垃圾之難這個話題如此流行，越來越流行。這樣說來，黛安娜・萊洛內克的藝術親屬散布全世界。

「二〇〇八年，我發現一個約美國大小的垃圾場漂在海上。」藝術家馬騰・范登・恩德（Maarten Vanden Eynde）在自己的網站上寫道。「那時幾乎還沒有人知道，所以我想要讓人們知道這個問題的存在，我覺得我可以只用原材料來創作。二〇〇九年一月，我在加州長灘（Long Beach）的阿爾加利塔

海洋研究與教育組織（Algalita Marine Research and Education）拜訪了發現太平洋垃圾場的查爾斯·摩爾。他給了我第一批從北太平洋漩渦帶回來的塑膠垃圾，我把它們融成小珊瑚的形狀。一顆球的大小。不久前這些垃圾越變越漂亮，這同時說明了兩個問題：塑膠在海洋裡，以及珊瑚礁消失。

我決定要做『塑膠珊瑚礁』，越大越好，所以我去了夏威夷——北太平洋漩渦的中心。那裡匯集了大量的塑膠，並被沖到岸上。每次展出塑膠珊瑚礁時，我的作品都比之前更大一些。二〇一〇年，我加入了盤古大陸探勘隊（Pangaea Exploration）的海龍號。他們在研究全球海洋垃圾汙染。我們從百慕達航向亞速群島（Azores），收集了一大堆廢棄物來融成不斷增大的塑膠珊瑚礁。二〇一一與二〇一二年我去了位在太平洋、大西洋和印度洋的漩渦，想要從最大的漩渦中收集材料。[124]」藝術家將這些發現放在五個充滿水的玻璃圓球裡。作品名為〈離家千萬里〉（*Thousand miles away from home*）。當玻璃球搖晃時，塑膠微粒就會旋轉；像在海洋中一樣。

馬騰·范登·恩德關注的主題是物品持久度，以及我們的文明留下了什麼。塑膠是人造材料，在有利的條件下，永遠都不會分解，被認為已經在地球的地質結構上，留下了顯著且恆

久的痕跡。塑膠珊瑚礁是個悲哀且悲觀的作品，但是藝術家以
較詼諧的方式處理時間和文化遺骸的問題。聽說宜家家具的目
錄打破《聖經》，成了史上印刷最多、發行量最大的書籍時，
范登・恩德越過古羅馬廣場（Forum Romanum）的柵欄，將
宜家茶杯埋入其中一個壁龕中。讓後代、未來的探索家作為紀
念，這杯子或許不特別有創意，但意義重大。它能道出許多我
們這個時代的文明。

　　塑膠珊瑚礁呼應了名為「膠礫岩」的神祕現象。二○○
六年，在衝浪者的天堂，夏威夷的卡米洛海灘上，本書已提
及多次的查爾斯・摩爾船長找到了由塑膠片、沙子、貝殼、
石子、壓載物、珊瑚和木頭組成的奇怪岩石。他拍下這個神祕
的混體，但是沒有對此產生更多關注。若是二○一二年，摩爾
沒有在西安大略大學（Western University）的課堂上分享這張
照片，膠礫岩要等到下一個發現者，可能還得等上很長一段時
間。天然材質與合成材料的神祕連結引起研究員帕特莉西亞・
柯克蘭（Patricia Corcoran）的注意。

　　她的團隊從卡米洛海灘帶回二十五個不同大小──小至水
蜜桃核，大至披薩的物體。這些物體被定義為石頭，是一種人
為垃圾與岩石的融合體。這之中不乏帆船繩塊、漁具、塑膠

粒、各種大小的管子、蓋子和蓋子碎片。最有說服力的假設是：這些物質在沙灘上被營火燒了之後，結成一塊物質[125]。

　　二〇一二年，加拿大視覺藝術家凱利‧賈茲瓦克（Kelly Jazvac）將膠礫岩以現成藝術的方式展出[126]。

＊

　　我們丟棄的垃圾會擔起新的角色，和原本的功能完全不同。垃圾在有利的條件下，很快會長出植被、蕈菇和地衣，融入自然景觀。每個垃圾都能被利用，每個垃圾都是有用的。活體中心（*Center of Living Things*）是黛安娜‧萊洛內克最大的項目，這是個科學藝術機構，收集已被自然組織包覆的垃圾。蕈菇、苔蘚、維管束植物──任何在廢棄物提供的機會中成長的東西。

　　藝術家假設未受汙染的自然並不存在，相信並呼籲科學界「廢棄植物棲息地」的存在，指出廣泛的人類活動對周遭環境的影響。萊洛內克帶著雄心壯志邁入科學領域，踏入植物學家、真菌學家或林業學家的學科中。反正多年來，自然與人造之間的差異在我們眼裡早已模糊。鳥類居住在城市的路燈上，

就像住在樹洞裡一樣，那山林苔蘚長在科學文化宮上，大概也會像長在懸崖上一樣。許多植物已經忘卻了幾世紀以來，自然學家記載下來的事實。

　　每個撿垃圾的人都知道，野外垃圾堆往往有自己的特長。在羅茲（Łódź）附近的森林裡，可以找到成堆的紡織廢料；在城郊則是房屋建設的瓦礫。黛安娜・萊洛內克建議在描述垃圾棲息地的時候，應該指出相關廢棄物的類型。紡織廠丟棄材料的地方，叫做紡織物棲息地，而傾倒裝潢廢棄物的渠溝，可以叫做建築物品棲息地。萊洛內克所提出的分類中，定義棲息地的原始環境也很重要。結果聽起來會是很奇異的混合體，例如：「建築材料草原型棲地」或是「聚氨酯森林型棲地」。

　　植物與聚合物結合——這種不尋常的結構對藝術愛好者與藝廊參觀者來說，可能是很震驚的。苔蘚覆在地毯或居家裝飾物上、長草莓的鞋子。對垃圾的新發現也同樣讓自然學家感到有趣。例如：在華沙郊區找到的聚氨酯海綿，多年來受自然因素的影響，如同任何腐爛的東西，它的表面有更多孔洞，而洞內聚集了一層有機物。泡綿吸水性很好。苔蘚植物的天堂就此出現，假根輕易抓住粗糙面，順帶一提，看起來有點像腐爛的木頭。類似海綿，水分也會儲存在孩子的尿布裡，而山赤蘚

（*Syntrichia ruralis*）特別喜歡尿布。這種堅韌的苔蘚植物甚至在做成標本好幾年後，都還在等待機會生長下去。

看來對生物來說，文明的垃圾與其他基質別無不同。大自然不挑剔。在格魯瓊茲（Grudziądz）附近的維士瓦（Wisła）河岸找到的一塊聚苯乙烯是個有趣的棲息地，這塊「聚苯乙烯石」上面長滿了薄羅蘚（*Leskea polycarpa*）。聚苯乙烯已深深融入了此地的自然結構中。薄羅蘚喜歡週期性被淹沒的環境：灌木叢、根系、河邊的石頭，因此聚苯乙烯塊對它來說或許就像塊石頭。苔蘚的假根甚至可以抓附在看似平滑的寶特瓶上。將自己擠進人眼看不見的結構小洞中，或許能加速材料腐爛。

這些定居在廢物棲息地、需求不高的生物，對環境條件的變化很敏感。它們無法適應受控的環境，不輕易接受控制，好似它們要自己決定自己的生活、成長與死亡。每次移動展品都可能傷及脆弱的根部結構，切斷生物與生命物質和水分的連結。將它們帶入展場空間、有空調的室內可能會讓它們變成乾枯的殘骸，並且導致死亡。

活體中心有特殊的管道灌溉系統，可以應對環境變化，展示櫃中的生物也因此得以存活。當然也存在著其他的危害，地衣、苔蘚或其他植物茂密的底層可能藏有蟲卵，在適當的環

境下會孵化出幼蟲。其中一個展品淪為會分解有機物的潮蟲（*Porcellio scaber*）的受害者。溫暖、潮溼的環境也是黴菌理想的生活環境，看似能自給自足的收藏需要密切注意。

　　之前有位比利時收藏家找上萊洛內克，希望能購買其中一個展品。但他對照料生活在其中的生物沒有興趣，藝術家因此拒絕了。活體中心是生命，是個不斷變化的過程，不能將之中斷。

　　大部分的收藏都存放在波茲南植物園，一棟有著壞掉溫室的閒置研究大樓中，完美替這些收藏增添了末日後的場景。不過，這裡也會有驚喜發生——風帶來月見草（*Oenothera*）的種子，在溫室內成長茁壯。萊洛內克希望收集到的垃圾植物與它們的基質能夠在此永久展示。既然植物園也展示了沿海沙丘的植物，展出世界上第一個棲息在聚合物、鞋類或建築棲息地的生物體又有何不可呢？為什麼不展示採礦留下的礦渣，或是退化的後工業化土地上所長出的植物？這些或許不是傳統的生長環境，但是現在卻已不足為奇、無法忽視。

＊

　　幾年前在紐約古根漢美術館展出了兩件墨西哥藝術家加布里耶拉・奧羅茲科（Gabriela Orozco）的作品──〈人工草皮星座〉（*Astroturf Constellation*）和〈星砂〉（*Sandstars*）。〈人工草皮星座〉是每日可見的小型、普遍垃圾的組合，全從曼哈頓一個運動場收集而來。高一點五公尺的方形玻璃箱內陳列了一千兩百件物品：掉落的鞋底、球的殘塊、口香糖、糖果紙、螺絲、鈕扣、錢幣。這些都是小東西，小到我們甚至不覺得這些是應該被清理的廢棄物。

　　第二件作品〈星砂〉展出從墨西哥阿雷納島（Isla Arena）收集而來的一千兩百件物品。附近海域是灰鯨的繁殖地，也是牠們長久以來的墓地。這裡的保護區很少人可以進入，被海水帶來的廢物也因此未被清理。這些物品被陳列在長方形的展示櫃中，包括漁網、線繩、船用探照燈、幾十個不同形狀、顏色、大小的瓶子、發黃的破爛浮球、繫船具、安全帽、網球、燈泡，甚至還有硬掉的衛生紙捲。

　　〈星砂〉很美。各種形狀與顏色組成的星群。排放與展示的方式帶出了這些平淡物品的個性之美。一如《紐約時報》所描述[127]，奧羅茲科的作品有煉金術的感覺──將丟棄垃圾的混亂煉成秩序。垃圾來到博物館裡變成了藝術品。無用與毫無價

值變為無價。但是〈星砂〉主要想表達的是環境災難的規模。
這正是阿雷納島這座不受人類壓力影響的保護區的痛處。一如
我們常說，垃圾無國界，海洋無法自我淨化大量的汙染。地球
上沒有任何地方能倖免。

　　冬天的時候，我從柔霞和烏卡什那收到波多藝術、建築與
科技博物館（MAAT in Porto）展出川俁正（Tadashi Kawamata）
的〈溢〉（Overflow）的作品目錄。這項作品發想自葛飾北齋
的〈神奈川沖浪裡〉（The Great Wave of Kanagawa）。只是川
俁正的浪是垃圾之浪。多年來，他的作品都環繞著海洋與垃
圾主題。這項作品的組成是被海洋沖上岸的物品，由志願者收
集而來。散落在網子上，呈現像是漂著垃圾的水面，從展區的
樓梯還可下樓到水面之下。掛在我們頭上的垃圾製造出沉重、
幽閉的感覺，這兩個空間由地上一艘沉船連結起來，模擬海洋
深處，也展示了平常無法接觸的真實視角。垃圾在不同平面移
動，隨洋流漂泊，沙灘上的垃圾僅是一小部分。

＊

　　野外垃圾堆。最常座落於市郊離建築物稍遠的泥路上。黛

安娜‧萊洛內克偶有運送未來展品的問題。有時她不得已得將垃圾帶上火車或計程車。包裹的內容物最好要保密，因為當裡頭是長滿苔蘚的垃圾時，很難獲得認同。華沙塔爾古夫區的葛瓦爾科夫街（Gwarków）上永遠都是滿滿的垃圾。流浪漢在此焚燒電纜以回收金屬，裝潢公司和清潔公司多年來在此傾倒垃圾。我們甚至還走不到兩百公尺，就在身後拖了個巨大的汽車內裝。

　　我們在一棵老李樹下找到了玻璃藥瓶、舊管子和噴霧。這裡是藥局丟棄廢棄物的地方。再往前走幾步，有地毯、三顆球、裂開的櫃子、直排輪、屋頂瓦片。一堆塑膠溝槽。一疊舊得變灰的玻璃棉上長滿了苔蘚。還有領聖餐的紀念品。寫著教區與孩子名字的空白處，敵不過溼氣。《卡利什的耶穌仁慈之心聖殿》照片集和揚‧史特勞斯（Jan Strauss）於一九七七年十二月首演的《華爾滋之王》（Król Walca）節目單。我們收集了三袋黛安娜之後會將之變成藝術品的垃圾。要清理這片多年非法傾倒垃圾的土地，得用推土機挖出半米深的地洞。

2019年12月29日
15：02, 52°13′08, 9″N, 20°59′29, 5″E

　　半升可口可樂的寶特瓶，躺在菲特力（Filtry）區的軌道上好幾個月了。我在春天和夏天時騎腳踏車經過它。秋天時它不見了，我以為有人撿走了，可是並不是，它就只是移動了幾公尺。它變得越來越難辨認，瓶標褪色，而瓶罐沾滿了街上的

塵土、鐵道上的鐵鏽，慢慢融入了周遭環境。不可能有人將它帶走，根本沒有人會在這裡走動。我覺得這是個很好、很安全的試煉場，垃圾在這裡很顯眼又不會礙到任何人。

寶特瓶是我們周圍最常見的垃圾之一。只要沿著道路任一側行走，甚至隨便往灌木叢中一瞥就能看到。丟掉它是如此簡單，就跟買到它一樣。在引入方便的押金系統前，這種狀況肯定不會有所改變。瓶子無處不在，完美呈現出大城市提倡的生活方式。時尚、積極的人畢竟不會在咖啡廳喝咖啡，他們會拿著一次性咖啡杯奔上公車。輕量、隨手可得的瓶裝水也是一樣的道理。我們常聽到，水是健康、幸福之鑰，誰知道呢，可能也是成功之鑰吧。

隨著西方生活模式在亞洲普及（尤其是中國），寶特瓶裝水的消費量也增加。根據估計，現在每秒世界上就有兩萬瓶瓶裝水賣出[128]。是「每秒」。二○一六年生產了四百八十億瓶瓶裝水；不到一半被回收再利用。僅有百分之七轉化成回收物，用來繼續生產瓶子。這很可惜，因為PET是很好回收的材料，在波蘭可以於SSP洗滌塔中處理，也就是固態聚合處理，不會降低產出的品質。

聚對苯二甲酸乙二酯已經大量使用近半個世紀，第一批可

口可樂的寶特瓶在一九七八年通過生產線。在包裝產業上的應用特別廣——除了寶特瓶，還可用於包裝肉類的盒子。客觀來說，聚對苯二甲酸乙二酯是個很棒的東西。輕量、支撐力好、是個對外的屏障，而且還是透明的。不是每類塑膠都有這種效果。

許多科學文章就「使用玻璃瓶和寶特瓶對環境與人類健康的影響」做出比較。生命週期評估（LCA）分析了生產過程對能源、水、物質、碳足跡、土壤酸化、優養化、臭氧層的影響。影響的因素有很多；就參考的因素不同，勝出的可以是塑膠或玻璃。塑膠重量輕，運送過程中的碳足跡顯著減少，它也耐衝擊。雖然不像玻璃那麼普遍，但 PET 也能有效回收。

真正的問題是目前的機制下成果有限，巨大的產出背後卻沒有能力相當的回收方法。很少有公司自願使用回收物（不如荷蘭的 Bar-le-Duc），也因此必須有所規範。歐盟國家必須在二〇二五年以前達到：所有寶特瓶成分至少要含有百分之二十五的回收寶特瓶。要是我忘了帶我的水壺，我會選什麼樣的瓶子？玻璃的。尤其是當水不是來自歐洲另一端的時候。我很喜歡維奇嘉泰蘭（Vichy Catalan）瓶裝水的味道，但在華沙我可以不喝它。

八、環保神經病

　　大約兩年前，我自己診斷出一種病，我稱之為「環保神經病」。就像許多帶著罪惡感的地球居民一樣：我每天都會為地球毀滅貢獻一點心力。我試著改變自己的生活模式和習慣，但同時又感覺這一切都無濟於事。購買二手衣、騎生鏽的腳踏車、用三十度的水洗衣服──這些都讓我自我感覺好一些。但

我無法拯救世界。或許最讓我疲憊的是那股無力感。我稱自己的努力為環保神經病，一種無害的疾病，或說怪癖，因為我試著拉開與自己衝突的距離。我每天都試著降低自己對未來的恐懼，一天二十四小時我都在對抗著。在清醒時，也在夢裡。

7：10（有時是6：42，也常是7：42）──起床、洗澡

我以洗澡開啟一天。雖然我很喜歡躺在浴缸裡，但我盡力以宣導省水的方式洗澡，用一點水、肥皂簡單沖洗。每次沖馬桶時，我甚至會為幾公升乾淨的飲用水進了汙水道而感到沮喪。有些人的神經病醒來後就會發作。瑪爾塔還躺在床上，把手伸向手機，為一夜耗了13%電力而氣憤。怎麼會耗這麼多電？過一會又要充電了。

現在是冬天，浴室裡很冷，因為我盡力減少使用暖氣。洗澡抹肥皂的時候我都快冷死了，心想著這到底有什麼意義。難道幾公升的熱水能改變什麼嗎？波蘭水公司（Woda Polska）做的宣導短片《停止乾旱》（Stop Suszy）就是這樣建議的。鼓勵收集雨水、減少洗車次數[129]。只是乾旱真的是那些以飲用水澆花的人的錯嗎？讓我們了解一下用水的比例。短片中沒有提

到，波蘭超過百分之七十的水爲工業用水。用在能源產業——從水井抽水來冷卻發電廠和洗煤[*]。經過這些流程後的廢水有厚厚的雜質，非常不乾淨，無法再使用。大人物將過錯推給小人物，眞的很令人不悅。

這還不是全部，採礦會造成地層下陷，吸走大面積的地下水。採礦環境專家與水文學家西爾維斯特·克拉許尼茨基（Sylwester Kraśnicki）博士估計，在最壞的情況下，茲沃切夫（Złoczew）新開的礦場地層下陷會達三千一百平方公里[130]，也就是全波蘭的百分之一。那些在大波蘭省看過消失的湖泊的人，都知道礦區附近是什麼樣子。

克拉許尼茨基博士也批判規劃在波列斯國家公園（Poleski Park Narodowy）旁邊的「揚卡爾斯基」（Jan Karski）礦區。這個礦場會導致附近地區乾燥，汲水困難將影響到這片土地上的人類與非人類居民。可能會導致無價的生態系統、沼澤和歐洲澤龜（Emys orbicularis）的棲息地遭破壞。採礦工作可能導致岩石斷裂和四○七號主要地下水庫（盧布林地區的地下水體）

---

[*]　利用水流的衝擊作用，去除塵土和廢石等雜質，並把原煤分出不同等級的過程。

的水被排走[131]。礦井流出的鹽、重金屬也當然會流入附近的河川——維普扎河（Wieprza）和莫吉利察河（Mogilnica）。

　　我擦乾身子，想想國內其他乾涸的例子。那些狂妄的河道重建計畫晦澀難懂，讓我想起蘇聯時期災難的水利工程。就拿E40水路來說，連接波羅的海與黑海，其中一段得開挖運河。對專家來說，目前提出的三種路線規劃都很荒謬。爲運河提供水源的河川——維普扎河、蒂希梅尼察河（Tyśmienica）、貝斯奇察河（Bystrzyca）、維爾加河（Wilga）——水量太少，難以維持通航；從維士瓦河抽取水源也太花錢；而使用西布格河（Bug）必將導致生態災難，伴隨而來經濟劫難。根據法蘭克福動物協會（Frankfurt Zoological Society）委託調查的報告顯示，乾旱的頻率已經上升了百分之一百七十二[132]。

　　我踏出浴缸，看著一排瓶罐：洗髮精、乳液、護髮乳、洗手乳和沐浴乳。很多都是PET製成的。這類產品應該裝在HDPE（高密度聚乙烯）和PP（聚丙烯）的容器內販售。PET只應該用於與食物接觸的容器。碰過化學品的PET在波蘭基本上無法回收，必須從廢棄物中分離出來。這使分揀場的工作更加複雜，也越來越難達到嚴格的回收水準。這眞是荒謬得不可理喻。爲什麼這種事會被允許？

7：42——站在衣櫃前

　　我與幾乎每個人都一樣，擁有的衣服比需要的還多。媽媽十年前給了我一件英國鐵路公司的鐵道工人外套，我一直都沒勇氣穿上它。或是那件拙拙的黑色牛仔褲，大腿的地方很緊，小腿的地方寬鬆垂落。那是在慌亂中為了某次葬禮而買的。我也有粗花呢西裝外套，大概只有史恩・康納萊（Sean Connery）會穿。幸好大部分的東西都是二手的。不管怎麼樣，衣櫃都帶來源源不絕的環保挫折感。我們很多人已經習慣定期買新東西。這樣很方便，而且也運作得很好。每季都有新的流行。對許多人來說，連鎖店的衣服很便宜，但品質也比較差，所以丟掉也不會內疚。

　　我穿上另外一條黑色牛仔褲，稍微大了一點，大腿處裂開。五年前，我在普魯士鳥類學家房子附近的欄杆上弄破了褲子，當時我正在寫那本書。這件褲子大概跟了我十年，很難承認一個已不再年輕的人還會適合這種褲子。但是我可以穿著它去遛狗。我很討厭丟衣服，尤其是我知道只有百分之一的衣物會被完全回收利用（再製成衣服）。有百分之十二的衣物被降級回收——做成床墊填充物或絕緣材料。幾乎四分之三的衣

服會進到垃圾掩埋場或焚化廠。被燒掉的不只有消費者丟棄的衣物，成衣產量大到公司得銷毀賣不掉的衣物，尤其是致力維持獨特性的奢侈品牌。巴寶莉（Burberry）二〇一七年燒毀了價值四千萬美元的衣物。H&M等廉價品牌也被指控有相同作為。許多公司刻意損毀要丟棄的衣物，讓它們無法再被使用。為什麼這種浪費的行為會是合法的？

　　我衣櫃裡的衣服成分都是便宜的工業棉或合成纖維。哪個對地球比較不好？在市場買的Chluin Kloin內褲（5%萊卡）還是某件以不知名材質做的汗衫（布標已經被洗掉了）？種植棉花的土地占耕地面積百分之二點四，但卻使用了百分之十六的農用殺蟲劑和百分之六的除草劑[133]。除此之外，種植棉花需要大量的水，可能導致當地的生態劫難：以注入鹹海（Aral Sea）的河川灌溉棉田，導致鹹海乾涸消失。另一方面，用於製造衣服的塑膠是微塑料水汙染的來源之一；例如用來製作抓毛絨的聚酯。人造成分幾乎存在每一件衣服裡，每個想要在大型連鎖店買新棉質褲子的人都知道這一點。每洗一公斤的衣服，根據材質不同，會釋放出六十四萬到一百五十萬的微塑粒到環境中[134]。

　　這個速度非常可怕。根據估計，服飾產業近十五年間的營

業額翻了一倍[135]，同時，衣物汰換的速度也比過去快上許多。衣服在我們衣櫃裡的時間甚至少上了三分之一。生產過量是非常可觀的；兩年前我親眼見證了這件事。當我帶著衣物前往流浪漢收容所時，我覺得自己像個英雄，內心喜悅得不得了。我期待收到道謝及有人拍拍我的背，但是在收受衣物的房間裡，甚至沒人看我一眼。某個人指出我可以放我那兩袋衣物的位置。兩個人試圖整理疊得老高的衣服堆：運動服、夾克、鞋子、皮帶、女上衣、毛衣。我不是在過節前唯一有「把不要的衣物捐出去」這種崇高想法的人。

　　我每天早上都看著一排沒在穿的襯衫；那些舊的、變長的羊毛衣；因為不想洗而不穿的抓毛絨上衣；一大堆我不好意思穿出門，但又覺得丟掉很可惜的衣物；還有那三條褪色的褲子——很久以前我就承諾自己——之後要染色變成新的。儘管我有兩個滿滿的衣櫃，我幾乎每天都穿得一樣——舊牛仔褲和狀況還行的上衣。

7：50——第一次遛狗

　　這肯定不是我們文明最大的問題，許多人都覺得這很荒謬

又微不足道。我每天早上遛狗時都在想，怎麼處理狗大便對我們地球造成的影響比較小。每天要用上至少兩個塑膠袋，同時還要避免累積塑膠袋，簡直就不可能。市場上有名為生物降解塑膠袋的產品，不是薄的LDPE（低密度聚乙烯）袋子，而是比較輕、材質結構柔軟，以澱粉製成的袋子。「可生物降解」是個被濫用且不精準的觀念，這並不代表袋子會像果核一樣自己分解。但是人們購買的時候，會感覺自己在為地球盡一分心力。

　　這些袋子大多遵從歐盟EN13432規定，在某些堆肥條件下可生物降解。然而，並不是所有都可以在居家堆肥的情況下降解，許多還需要穩定的高溫與溼度控制，只有在工業設施中辦得到。這在我們的條件下是不切實際的。若是塑膠袋進到掩埋場，混在成噸的垃圾之中，在無氧環境下便無法進行生物降解。今天，二〇二〇年冬季，公園的垃圾桶仍未進行垃圾分類，全都以一般垃圾來處理。沒有人會在製造商要求的完整週期下，進行狗屎堆肥。再說，在波蘭排泄物無法用於堆肥；排泄物不允許丟進廚餘中。或許最好的辦法就是在焚化廠裡燒掉袋子，就這樣看來，袋子的材質也不重要了。

　　紐約是第一個要求市民自行清理狗大便的城市。這是社會

運動家、媒體人法蘭・李（Fran Lee）多年努力而來的成果。李是百老匯演員，常被邀請到地區電視臺上節目，侃侃而談各種主題，諸如甜味劑、石綿，或「如何用香腸製作蠟燭」[136]等。然而，讓她聲名大噪的是與狗屎對抗。一九七八年，她成功遊說將1310號法條寫入衛生法：「所有持有或照顧狗、貓或其他動物者，有責任清除其在走道或其他公共場合留下的糞便。」後來美國其他城市也寫入了類似的法律。

狗屎的問題有不同解決方式。巴黎自一九八二年起有專人駕駛鏟屎車——鏟屎官持吸糞器，將糞便吸到特殊容器中。當時的市長賈克・席哈克（Jacques Chirac）（巴黎人稱這種服務為chiraclette）推廣的措施持續了二十年。二〇〇二年，這項服務因耗資過高被叫停。目前巴黎對未清理糞便者採取罰款的手段[137]。

鏟屎官是個很糟的想法，我不懂為什麼主人可以不用清理自己的狗留下的東西。「那把它們埋入地下呢？」每隔一陣子就會有人興奮地分享他們天才的想法。好像發現了新大陸一樣。好吧，這個結局很好預測——被來回挖掘的草坪會變得坑坑疤疤；糞便緩慢、無氧地分解會帶來流行病，還有過度施肥的風險，附近的植物可能因此受到威脅。我讀到過，狗屎可以

在花園中堆肥[138]，但很難想像在每個街角進行堆肥。我們要如何把糞便帶到堆肥地？誰又要看照這些堆肥？畢竟還得混合、溼潤，並加入植物遺骸才能完成堆肥。當然也可以不清理狗大便，但是城市中的日常活動將會變得更加困難。

紐約的衛生機構有一陣子建議收集糞便，帶回家沖進馬桶裡。或許我的想像力太薄弱，但是要用什麼裝糞便？我有時用破掉的塑膠袋，有時用麵包店給的、已別無他用的紙袋。我只有在城裡才清理糞便。在森林或草地上，我就讓它留在那。我沒有一個完美的解。或許這個問題本來就無解？

8：13（冬天和夏天）

房子前面每天都有臺未熄火的車。司機在車上，手指專注地滑著手機。他在等人。冬天開著暖氣，夏天吹著冷氣。我應該要提醒他一下的。但我天生就是以和為貴的人，不喜歡製造緊張，我的伴侶說我不喜歡這種情緒，不喜歡喉嚨裡的緊繃。我在腦海中想著對話場景，該如何有禮貌但堅定地交談。

想著要如何解釋，而不會陷入無謂的爭吵中。

我通常都會輸給自己。轉身、吞下口水，然後走自己的

路。我不想毀掉我的一天。後來我會埋怨自己——我當時應該做點什麼的。

8：15 ——吃早餐

我已經吃蛋奶素兩年了，中間也有過蛋素和短暫的全素。在我差點吃下藏在梭魚裡的塑膠珠子後，我毫無遺憾地放棄吃魚。我得承認，我在替我每年拜訪荷蘭調劑飲食——生鯡魚加洋蔥大概是那裡唯一能端出的餐點。五年前，當某人告訴我我不應該吃肉，我應該會輕輕敲他的頭。我認為這太極端，不必要，這樣做有點多了。但是某天與正在運往屠宰場的豬隻對到眼後，我就突然改觀了。

現在我還在對起司糾結，很遺憾我始終猶疑不定，是的，我知道產牛奶多可怕（我是個偽君子，我完全不為此感到驕傲）。雞蛋方面，我不得不相信蛋殼上的印章和盒子上的秀麗風景。我最喜歡在附近村落卡舒比（Kaszuby）買的雞蛋。那裡的雞圈後面有一片大空間，雞隻每天在那挖洞、晒太陽、跳上跳下地咕咕叫。飼主還在雞圈裡放了一張大沙發給牠們。雞隻能在沙發上休息，對我來說已是最幸福的雞了。吃這樣的蛋

我（幾乎）問心無愧。

　　我們每日的飲食是道德地雷區，當然也是巨量的垃圾。桌子的一半都被包裝占據，一個星期後便滿出宜家家具的大袋子。人們對大量的塑膠盒感到厭煩，尤其在超市的蔬果區。每年產出的塑膠中，幾乎有百分之四十做成食品包裝。儘管如此，我們與美國商店還有些距離，我在那裡還看過蘋果切塊放在封膜的盤子上這種怪事。既然大部分的蔬果都帶皮，有足夠的保護功能，為什麼還得用塑膠？就算果皮能保護其不受損傷，但卻無法防止許多人戳弄超市裡的蔬果。被摸過或丟玩造成的浪費行為確實存在。

　　蔬果在採摘後會被運往倉庫或冷藏庫，在這裡等待下一個階段，也就是包裝並送往商店。包裝最重要的功能是保鮮，讓蔬果的食用期限可以久一點。研究指出，比起散裝的小黃瓜，包膜的小黃瓜能保持在良好狀態達三倍之久。

　　這也意味著較低的送貨頻率，碳足跡比較低，浪費也較少[139]。人們也總是強調，塑膠比較輕，比玻璃或紙板要有彈性，對減少二氧化碳排放有所幫助。食品廠商認為，包裝能保鮮與防止浪費。

　　難道這真的是必要的嗎？浪費食物確實是個大問題，二○

一五年的估計認為，歐盟居民每人每年平均浪費一百七十公斤的食物。要脫離無所不在的塑膠，就意味著得有全新的分銷網路，最終目標是回歸季節性飲食。我們都知道食物會在各地旅行，但是卻很少注意到這個現象的規模。根據英國的海關數據，二〇一八年上半年英國進口了價值兩百三十五億英鎊的食物與飲料[140]。沒人能剝奪在隆冬時節吃草莓或葡萄的特權，問題是，考慮到運輸的真實成本，這類商品何時才會被徵收適當的稅？

　　包裝能防止浪費食物，但是許多情況下，包裝都與行銷有關。包裝吸引我們的注意力，讓我們購買比實際需求更多的東西[141]。我們不是買兩顆番茄，而買了四顆，其中一顆被我們浪費掉。不買三顆洋蔥，買了一公斤裝在塑膠袋裡，回到家才發現，已經少了兩顆。生命週期評估研究偏好塑膠包裝，因其重量輕，運輸所排放的二氧化碳較少。值得注意的是，這些分析通常沒有將回收可行性等重要因素考慮在內。回收率低、價值低，且生命週期結束後對環境的影響大，這都是塑膠包裝隱藏的真實成本[142]。

11：20 ——神經性拖延症

　　壞消息是我的日常。每天都會看到我們無價的自然被破壞的文章，像是「吃南美洲的血酪梨」；或是「旅遊業是地球的謀殺犯」等內容。甚至還有專門產生壞消息的程式。網路上可以做自己的碳足跡測驗，這些數學模型當然是簡化過的，結果也因此只是象徵性的。「要是所有人都像你一樣生活，全球的排放量就會增長1.4倍，為了阻止氣候變遷，此排放量得分散在七個星球上。很遺憾，我們只有一個地球。」ziemianarozdrozu.pl網站的計算告誡道。它算出我每年產生七噸的二氧化碳。www.footprintcalculator.org上的計算對我的生活模式比較寬容：要是所有人都像我一樣生活，我們會需要2.2顆星球。結果很令人沮喪，但是已經低於平均值了。這有稍微安慰到我。

　　許多造成我們每日碳足跡的因素是無法控制的。尤其是住在城市之中。很少人知道事實：家中的暖氣來自煤炭暖氣網；我們沒有什麼機會掛上太陽能板。要獲得當地、當季的蔬果也不總是件容易的事。我們無法影響建築裡的汙水處理系統、自來水廠、供暖系統、路燈和辦公室照明，以及公有服務和設

施：醫院、劇院、博物館、汙水處理廠、學校。誰有能力去爭論這些呢？我能說什麼？世界被創造是要給我們舒適的生活，而不是為了帶給環境安全。

　　根據全球足跡網絡（Global Footprint Network）智庫的計算，自一九七○年代起我們就生活在對地球的赤字中：這表示，我們近五十年來的開發，超出了地球自然更新資源的能力。人們可以質疑這個事實，說這個模型不太準，在制式的模型中忽略了許多變數。但是今日就只有聾子聽不見世界末日的號角，只有瞎子看不見被砍伐的森林、融化的冰川和成堆漂在海上的垃圾。有人說，下一個十年內會發生不可逆的變化[143]。這個推論的時間點近得太荒謬了。所有人都希望科學家錯了。但對我們許多人來說，十一年已足夠搞爛一切。

　　由奢入儉難，我們已經無法放棄舒適的生活。擁有文明的所有特權，理所當然到不甚加注意。我雖然寫「我們」，但並不是這世界上所有人都享有這般舒適。我寫「我們」，指的是享有舒適的西方世界人們，指的是擁有多數人連做夢都不敢想的舒適的智人。地球另一端的人太遙遠，太不一樣，所以我們覺得對他們的命運沒有責任。我們也不在乎永遠消失的稀有物種的命運。我們的繁榮建立在匱乏之上，在文明的鴻溝、

在遙遠的弟兄們所提供的廉價奴隸勞動之上。我們活在他們的環境、呼吸的空氣和飲用水所付出的代價之中。富裕社會的代表們能夠在多年內緩衝災難帶來的影響，只有窮人無法倖免於難。

14：00 ──城裡的午餐冒險

我對「沒有意識」很火大。爲什麼人們這麼愛用一次性物品？爲什麼亞洲餐館裡大多數人都笨拙地用一次性竹筷子吃飯？他們想表現出自己飽經世故嗎？明明就可以選擇金屬餐具。爲什麼人們在咖啡廳要用一次性杯具喝咖啡？難道就不能用正常的杯子喝？喝完、丟棄，然後走掉。這難道有那麼時髦、有個性、有那麼像大都市生活？還是他們想感覺自己活在美國影集之中？

15：30 ──第二次遛狗時不愉快的想法、遇上一月樹上的茉荑花序、在城市上空看見鶴

今年的雪下得並不多，丹提許卡街（ulica Dantyszka）在

僅有的一天降雪日前就開花了。這個冬天，夜裡霜凍的日子可以用手指數出來。二○一九年在政府間氣候變化專門委員會（Intergovernmental Panel on Climate Change, IPCC）發布報告後，肯定有許多人會成為對氣候感到不安的一分子。為了履行《巴黎協定》（限制全球溫度上升在一點五度之內），近十年的二氧化碳排放量必須每年降低百分之七點六。也就是說二○三○年時，排放量必須比二○一八年少一半以上。然而，全球的排放量卻在上升，這也意味著很少人真的把這項責任放在心上。

　　當我思考問題與挑戰時，就像對全球暖化的議題，我首要關注的是這將如何影響我的舒適與生活方式。媒體幾乎每天都在報導氣候變遷引起的災難。全球暖化是進行式。我們並沒有特別注意，氣候變遷反映出我們的心理健康。氣候憂鬱症、對未來感到焦慮是全球心理學家所面臨的問題。隨著時間過去，可以想見問題將日益嚴重。

　　在不歡快的每日搜尋中，我發現了一項有趣的因紐特人研究。氣候變遷在極區顯著加速，全球暖化在景觀上留下明顯的痕跡。「我們是海冰的民族。要是沒有海冰，我們要怎麼叫做海冰民族。」一位部落成員說[144]。因紐特人與自己的景觀有很

強的連結，因此景觀改變也視爲個人的損失。「uggianaqtuq」
這個詞很久以前指的是「不悅的感受」，用以形容親人或熟人
行爲怪異，或是因無以名狀的渴望而來的不愉快感，而現在這
個字有了新的意思。現在，uggianaqtuq指的是熟悉的周遭環境
變得不可預測。近年來天氣非常uggianaqtuq。風暴又長又猛
烈，冰很薄，而食物的數量在減少[145]。與地方失去連結導致憂
鬱；對現實失去影響力的感覺會削弱社群網路。挫折感會導致
飲酒與毒品使用量上升。

　　「solastalgia」這個字正在西方發聲，意思是因環境改變引起
沮喪、無力感。這個字在某種程度上與因紐特人的uggianaqtuq
有關，因爲solastalgia是一種懷舊的情感、對熟悉但不斷變化
的地方產生遺憾。根據歐洲晴雨表（Eurobarometer）統計，百
分之九十三的歐洲居民認爲氣候變遷是嚴重的問題，其中百分
之七十九認爲這個問題非常嚴重。而在波蘭，對這種情況感到
不安的人數也倍增。七成的波蘭人認爲全球暖化或氣候劫難是
嚴重的問題，但是恐怖主義、飢餓、貧困、缺乏水源和武裝衝
突是更嚴重的問題[146]。我不知道我們之中有多少人了解事實：
所有的問題都有其關聯。

　　令我特別不安的是，氣候劫難會在我的有生之年、在我們

的下一代發生。我感覺必須做些什麼，但不知道該如何做，我被挫折與冷漠籠罩。我有時候會感到孤單，甚至不被至親理解。我與「我的個人行動沒有意義，沒有人會聽到我的聲音」這種感覺搏鬥。我知道有些人會從各種面向否定周圍發生的事實，但我能說什麼呢？原本就有各種處理焦慮的策略。治療師建議試著將恐懼轉為動力。與那些有相同焦慮的人有所連結是好事，這樣能帶來解脫，被傾聽能讓人從孤立之中走出來。參與提高氣候變遷意識的活動、向政府施壓，都有其療效。參與和認同能讓我們對感到無力的事取回控制權。除此之外，逃避令人不安的新聞並沒有幫助，活在最新的資訊下能讓我們適應正在發生的事情[147]。

　　基本上，我已經習慣在一月時看到鶴群了。週日清晨，我看著牠們盤旋在莫科托夫原野（Pole Mokotowskie）上空。飛得很高，所以很難看清楚。牠們向東飛去，難道對牠們來說冬天已經結束了嗎？我很快就習慣了，要是在十年前，這些鶴會引起轟動，而現在已經不足為奇了。就只是秋天過去春天便到來而已。在維士瓦河岸邊的柳樹上，已經可以看見荑花序，還未毛茸茸地完全盛開，花苞仍緊閉著。一位熟識的鳥類學家朋友寫道，在沃維奇（Łowicz）附近已經聚集了春天的鵝群，

比平常早了一個月。

04：10 ──鑽牛角尖，尤其在睡不好的時候
19：00 ──睡了兩小時而不是二十分鐘，醒來後有種絕望感

提到零廢棄（zero waste）的主題，很難不遇到比‧約翰遜（Bea Johnson）。我在圖書館的閱覽室遇見她，和她相處了一下午。

她的書《零廢棄之家》（*Zero Waste Home*）使我內心的無力感激升。她所建議的零廢棄生活模式，就我看來，與其說是好的作法，不如說是一種宗教或特權遊戲。我每讀幾頁就會帶著氣憤的想法把書放下，要成為一個理想的零廢棄實踐者，就跟成為加州的有錢人家一樣困難。發明可重複使用的衛生紙替代品──根本只對沒有其他煩惱的人可行。那些從鄉村搭便車上班，因無法負擔生態豆而在地上燒垃圾的人，他們所面臨的生活挑戰比找到一堆堅果還困難。再怎麼說，他們的碳足跡肯定也比許多住在莫科托夫、冬天會飛去亞洲「取暖」的環保神經病居民少。

要是把這本書當作指南，可能會崩潰。在我們的條件下，

一年只製造出一公斤的垃圾是不可能的。要過得像比‧約翰遜一樣，還得再有另一份全職工作。我懷著惡意記下了幾個想法。例如：「我曾經很愛昂貴的化妝品。現在我用前面提到的肥皂從頭洗到腳，就已心滿意足。」或是「廁所的櫃子裡滿是臉部保養品的日子已經過去，現在我想要護膚時，只要走進廚房就好，因為所有我需要的東西都在儲藏室裡。」我想起了法國皇后瑪麗‧安東妮（Marie Antoinette）扮成牧羊女照顧起自己噴了香水的羔羊和小牛。我覺得這些建議是給那些已對化妝品感到厭倦的人聽的。現在所有人都買得起化妝品。

　　就算吐槽滿滿，我最終還是會回到書裡。雖然我圍繞著這位神聖家庭主婦的照片嘲笑，但是我每次都會記下一些東西。我辛勤地記下可以淨化室內空氣的植物。美國國家航空暨太空總署（NASA）顯然已經研究過了。我們整個冬天都在嚷叫著霧霾，但我不想買空氣清淨機，不想再買一臺很快就壞的電器設備。我買了虎尾蘭植物（Sansevieria），也買了白鶴芋植物（Spathiphyllum），後來我讀到NASA的研究，它們在房間的條件下沒有用處，最好的方法是直接安裝通風設備。不過沒關係，反正我很開心有這些植物。我也寫下比的家用清潔劑配方。我被說服了——用小蘇打清洗浴室的效果很驚人。我幹嘛

要和比作對呢，她有強迫我做什麼嗎？

8：00、11：37、16：12、18：05、20：50、22：12 ——
拖延與無意識地滑社交媒體

很長一段時間裡，我感覺有些人的環保神經病比較嚴重，這讓我感到安慰。我追蹤臉書社團裡許多人的貼文，宣洩自己對環保生活的幻想，沉浸在道德和倫理世界的幻想中。我也能理解自我限制、有意識地消費和投資永續物品的理念。但我無法不覺得，許多參與者浪費了大量的時間、生活能量試著建立烏托邦，以及不會產出垃圾或不會排出二氧化碳的理想世界。這對我來說很天真，但無傷大雅；讓我氣憤的是有些人在激進主義上相互競爭。那時我會覺得，這個情況像是破掉的鏡頭，重點細節與寬闊視野同時被抹去。

許多正義魔人會批判那些沒有依循正統理想執行的人。丟掉一盒披薩或溼掉的義大利麵就足以被公審。我對這種誤導性的理念感到厭煩：一些微小、無害的浪費對地球危害重大。我們真的有這麼重要嗎？我知道我們活在一個自戀的文化裡，但會不會太誇張了？那些在教訓別人時感到自我良好的人，表現

得像在自己面前演戲；他們在對鏡子裡自己的倒影獻殷勤。把破壞地球的罪過推給別人，或許是個讓自己感覺好一點的方法。

生態羞辱（eco-shaming）有用嗎？或許在瑞典有用，那裡已經有一些用來形容環保神經病的新詞了。「Flygskam」是搭飛機旅遊、產生很長的碳足跡而來的羞恥感。對立出現的是「Tagskryt」，意為對自己搭火車感到驕傲[148]。而這又再次無法否認，搭乘火車在多數情況下是特權階級的娛樂。歐洲的跨國航班往往比火車便宜，更不用提旅行時間了。只有那些不急的人才會花時間在這種平衡、正念的旅行上。

我之前讀到一則很好笑的貼文。有個女孩問，哪裡可以買到玻璃瓶裝的雙氧水——她盡其所能地避免使用塑膠。我覺得她或許高估了自己的消費決定。這不是我們每天常用的物品。裝在可回收處理的高密度聚乙烯瓶裡的雙氧水，並不是棘手的生態問題。玻璃瓶裝的雙氧水可以在網路上買到，只是「環保購物」寄出商店後常得行經幾百或幾千公里才到消費者手中。問題是——這樣有什麼意義？

究竟是什麼讓我覺得這瓶雙氧水很好笑？我是在嘲笑我自己。畢竟我也很害怕。就像那個女孩一樣，我有世界末日到來

的感覺，每天我都在想，要如何讓地球在我沉重的腳步下不要呻吟。所有的努力都讓我想起瑪麗·梅普斯·道奇（Mary Mapes Dodge）的《漢斯·布林克，或銀冰鞋》（*Hans Brinker: Or, The Silver Skates*），一部關於荷蘭鄉間生活的美國奇幻文學。主角漢斯是水閘管理員之子，某天他發現堤防漏水了。沒有多想，這名男孩用手指堵住了洞口，就這樣持續了一天一夜，讓國家免於災難。有人說，只有系統性的改變才能改變世界，但是要如何去改變經濟模式，如何改變成長的壓力、富裕、發展、增長的柱狀圖？要如何把環境利益放在首位，而不是經濟利益？

7：40、17：20、20：10——去轉角的商店

我們都開玩笑地叫我們的商店「假陽具」。我只能說，當你聽到原文名字的時候就會懂。這不是間大商店，但這裡有所有必要的商品，沒有多種蔬果和啤酒供選擇。我盡量買可以退押金的瓶裝商品。我是「假陽具」的常客，所以我不避諱問題：「收據呢？」退回瓶子當然是件麻煩事，但沒退回的瓶子無法再被裝瓶，會因為被丟進玻璃回收物裡，在玻璃場內被處

理掉。

　　當我看著架上不同的包裝時，環保神經病就會發作。那些被生產商堅持設計成一次性、不可回收的產品讓我感到特別遺憾，好像它的目的就是創造出無用的垃圾。近幾年來，紙袋上帶有透明塑膠窗口的包裝越來越普及，這種設計讓兩種材料都無法回收利用，因為分開它們的工不划算。透明窗口也出現在我最喜歡的麵條包裝上，大概是為了取悅顧客，能夠看到裡頭的義大利麵。我總是會花點時間分開這兩種材料。

　　我最喜歡的麵條附近放著麵粉。包裝表面是紙類，然而內層其實有一層薄薄的塑膠。這當然可以保護內容物不受潮，但是為什麼不要誠實地就做成單一材料的聚乙烯包裝呢？袋裝麵粉看起來就跟以前一樣，唯一不同的是，用完了袋子也無用了。所有多材質的包裝都被不必要地複雜化，而這時常也讓回收工作無法執行。我們喜歡用紙，因為紙是自然的，看起來比較環保。包裝製造商利用這一點，做出多材質的包裝，在上面塗上模仿紙質的塗料，不特別注意的人是不會發現的。

　　再說，紙也不容易處理。要進行回收的紙必須是乾淨的。很遺憾，紙張上的印刷油墨常帶有有毒物質，像是礦物油芳香碳氫化合物（MOAH）和短鏈礦物油飽和碳氫化合物

（MOSH）。幸好報紙和食物接觸的機會有限。已經沒有人使用報紙來包肉，而在報紙上切番茄的習慣也在後蘇聯地區的臥鋪列車上漸漸消失。不過，就算是受汙染的紙張，都還能用來做成厚紙板。

　　距麵條和麵粉幾步之外，擺著吸引孩子注意的飲料罐。大蓋子和醜陋的彩色外標，上面通常是備受歡迎的電影主角。瓶子本身最常是PET，是很容易回收處理的材質，不過光學分揀機無法正確地在輸送帶上將它撿出。紅外線只看得到熱縮包裝——最常見的是能緊密包在瓶子上的聚氯乙烯（PVC），很難回收再利用。類似的還有塑膠罐裝的優格，要讓罐子有機會回收，最好撕掉上面的膠膜。

　　回收商抱怨多材質的包裝，在分離成同質物時造成不必要的額外工作。我回到結帳臺，經過貼著紙標籤的優格，這些紙被浸溼後會堵塞回收中心的管線。按壓式沐浴乳等包裝的情況也很類似：使壓頭彈回的金屬彈簧也經常堵塞管線。藏在瓶蓋下的鋁製密封條也造成許多問題（特別是它們用處不大）。矽膠防漏封和強力膠若被忽視，也會破壞再生粒子（回收過程中產生的塑膠顆粒）的品質。

20：00 ──城裡的晚餐冒險

　　為什麼許多餐廳都只提供進口的礦泉水？通常是義大利的。例如「義大利侍酒師協會（Italian Sommelier Association）指定用水」。從卡里索洛（Carisolo）來到這裡。源自 Pra'dell'Era。喝起來比從我水龍頭出來的水還難喝。我對此非常惱怒。我們真的要立法才能規範這種愚蠢的行為嗎？普通的水要行經一千五百多公里，這難道不是普遍的怪事嗎？

21：20 ──睡前朋友在臉書上寫道，塑膠包裝會致癌

　　我們想控制我們的現實，選擇只對我們健康有益的東西。因此我們相信並購買有機（bio）或是生態耕作（eco）產品，但是這都只是形容詞，只是標籤。我們往往無法證實這些說法，真實的是它較高昂的價格。我們對「什麼是有機」有自己的想像：菜攤上骯髒的蔬菜，比超市架上那些包在塑膠盤上、新鮮、漂亮的蔬菜看起來更真實。不過，我們對菜攤上蔬菜的種植方法有多少了解呢？用了多少殺蟲劑、是怎麼樣的殺蟲劑？它們生長的土壤怎麼樣，又來自什麼地區？

　　得知市場上與食品接觸的包裝與材料必須通過特別的實驗室檢驗，這讓我有種安心的感覺。將模仿特定類型食物的模型液體放置其中；接著在特定條件下保存。實驗室會出具包裝成分符合檢驗結果、成分遷移濃度無超標的聲明。就算如此，聽起來還是有點不安，對吧？

　　亞當·佛特克（Adam Fotek）來自大型食品安全監測實驗室之一的漢米爾頓公司（Hamilton），他表示超標的情況並不常見。近年來，某幾種化學物質滲入食品的話題反覆出現。例如：雙酚A（BPA），一種用以生產聚碳酸酯（Polycarbonate, PC）的單體。這種塑膠既堅硬又有彈性，因此被應用在需承受衝擊或會從高處掉落的物品上。問題是BPA會影響內分泌系統，可能導致不孕、乳癌和前列腺癌[149]。聚碳酸酯被用於生產嬰兒奶瓶，並且發現BPA遷移超標。

　　生產商現在在各種可重複使用的瓶罐上標示「不含BPA」——包括PET材質的瓶罐。生產PET從來就不會用到BPA，提及不含此成分是過度熱心了，但是這肯定會讓消費者安心不少。目前在包裝上應用BPA非常受限。收據、鋼罐內層填充材質含有BPA。自二〇一一年起，已禁止將BPA使用在嬰兒與兒童用品的聚碳酸酯產品中；而二〇一八年起，也禁止使用在嬰

兒與兒童產品的環氧樹酯（epoxy）包裝塗層上。

　　身為時尚環保材質的一員，市場上出現了許多中國製的竹製產品：各種碗盤、廚房用品。竹子長得不夠粗，所以無法使用一根竹子製作一塊大砧板。尿素甲醛樹脂（Urea-formaldehyde, UF）經常被用來黏著物料。也曾有過甲醛遷移超標的案例。二〇一九年初，某間超市販售的竹製保溫杯因甲醛超標下架。甲醛被認為是致癌物質，會導致畸形（可能損害胎兒健康），還會刺激呼吸道與黏膜，是種普遍的防腐劑和消毒劑，應用在生產合成樹脂、黏著劑、化妝品、塑合板、動物飼料。總之就是無所不在。

20：10──第三次遛狗，下午不悅地驚醒後的一個想法

　　從好幾年前就開始講循環經濟：理性使用資源及限制產出產品對環境的負面影響。盡可能長時間使用材料和資源。垃圾極少化。循環經濟的想法在受訪者之間獲得大力支持──百分之九十五點五[150]的受訪者表示，支持將波蘭現有的線性經濟改變為循環經濟。就我看來，一個理性終究會獲勝的世界是遙遠的幻影：這個世界裡公民會受到教育；會做出明智的消費選

擇：會將總體利益置於自己的便利之上；工業及運輸會關注自己的碳足跡，並在尊重環境的前提下合理化。

在循環經濟為題的會議中，一位業界重要人士講了一個笑話：

兔子在躲避狼的時候，遇見了在樹林裡的貓頭鷹。

「貓頭鷹，你這麼聰明，告訴我該怎麼做，不然狼很快就會把我給吃了！」

「嗯⋯⋯這樣子啊⋯⋯」貓頭鷹想了一會，答道：「兔子，那你變成一棵樹吧！」

「哦！這真是個好主意！」兔子很開心，但是立刻有了疑惑：「那我要怎麼變成樹呢？」

「喔，別問我這個問題，兔子，我只負責想辦法而已。」貓頭鷹回答。

16：00──黃昏時分

22：00或者23：47──睡覺

日落前十五分鐘，當冬陽照亮烏鴉飛過的黑肚子時，是最美的。光線沿著牆向上遊蕩，然後停在整區最高的老白楊樹上

一會。接著太陽便熄滅。在沃拉的某處總是這樣。路燈在短暫、灰暗的一天之後亮了起來。天上沒有星星，只反射著城市的光芒。一如灰色的人臉上反射著手機螢幕的亮光。幾千盞路燈、汽車大燈、看板、背光廣告牌、聖誕裝飾、商店櫥窗、亮著燈的辦公室或住宅。當天空發出的光比自然條件下要多上一成，便構成光汙染。

今天早上我看到附近大樓在裝背光廣告牌。沒有人問過我，我是否想每天看到特價、新手機或保險的廣告。但是就算沒有這些背光廣告牌，我住的街上也總是燈火通明。汙染地圖上註明的居住地裡，有百分之八十三的人生活在人工照明之中。黑夜只出現在無人居住的地方，在歐洲就只有斯堪地那維亞半島北部和遠離大陸的島嶼。我們之中三分之一的人所居住的地方無法看見銀河。這是六、七年前，當時透過衛星照片分析出的最新數據[151]。光汙染被認為是世界上增長最快的汙染方式。這個問題肯定沒有受到重視，主要是因為我們不知道光汙染帶來的變化所造成的後果。

人造光當然會破壞生態。它會改變夜間生物的生活節奏，並改變牠們的習性。光線能夠迷惑、吸引或驚嚇到動物。例如，小型夜行性哺乳類動物會避開亮光處，因為在光照下牠們

更可能成為掠食者的獵物。當人工光源出現在牠們周圍時，牠們會減少行動，覓食的時間減少，因而導致健康狀況下降。另外，有許多鳥類主要靠星光指引在夜裡遷徙，牠們時常錯選較亮的物體為目標。第一起案例發生在一八八六年，當時有近千隻鳥撞上美國迪凱特（Decatur）鎮上一棟亮著光的塔樓。在加勒比地區沙灘上，幾百隻剛孵化的小海龜也有相似的故事：牠們爬向附近的餐館，而不是爬進海裡。燈光似乎比映照著微弱月光的海浪更有吸引力[152]。

　　幾年前某個六月底，我在貝斯奇德日維斯基山（Beskid Zywiecki）看到光線是如何破壞我們的自然環境。那是朋友的婚禮，新蓋的飯店在山頂上像強力探照燈一樣照亮了黑暗。某一刻，我們看到室外聚集了幾十隻發光的小黃點在燈源四周打轉。附近的螢火蟲全都被燈光吸引而來。婚禮賓客們都看得如痴如醉，有許多人好幾年沒看過螢火蟲了。我也很開心，還不太知道這是齣在我們眼前上演的悲劇。成千上百的昆蟲不是在草地上跳著舞，不是飛進婚禮，而是栽進了墳墓裡。牠們被探照燈騙了，被烤焦了。

　　不過，也有許多物種並不受人造光源困擾，反而喜歡人造光。夜間活動的蜘蛛可以在路燈下織網[153]。在同樣的地方，擠

在這的昆蟲會被飛行速度快的蝙蝠抓走，其他行動較慢、較不敏捷的動物則必須在較暗、被獵機會較低的地方覓食。不過，這樣的地方越來越難找了。生活在城市裡的游隼（*Falco peregrinus*）甚至學會利用城裡的光線在夜裡狩獵。多虧裝在德比（Derby）教堂屋頂上的攝影機，這個現象才第一次被記錄下來。當地的游隼利用城市的強光來獵捕夜間遷徙的鳥類。在華沙也很容易看到公園的烏鶇（*Turdus merula*）沿著亮著燈的街道覓食。

　　暴露在人造光源下會導致各種失調。例如，鳥類繁殖季和換羽提前。這一點也不奇怪，人造光源會干擾對季節與白天長度的感知。在此影響下，兩棲動物會縮短交配時間並趕快繁殖。就算做出正確的選擇對繁衍下一代基因至關重要，但牠們不太挑剔伴侶。有許多動物在人造光的作用下，出現褪黑激素產生的障礙，這種激素負責調節生物睡眠週期。褪黑激素失調會導致免疫力、抵抗力下降、整體上更快老化且增加罹癌率。研究表示，夜間待在人造光下的人類（上夜班的人）罹患乳癌和前列腺癌的風險明顯增加。

　　夜裡很暗，但是不黑，鄰居電視的光透過窗戶照了進來。這些痴迷的想法慢慢趨於平靜，而我只聽到廚房裡冰箱小聲呢

喃，腳踏車燈充電器在床邊亮著燈。待機的筆電在床下閃爍。
火力發電廠的熱力所加熱的水在暖氣管線中流淌。很難在災難
的影子下入睡。每天都有新的研究、越來越糟的預測結果、驚
人的觀點轉變。每天都有我們一直以來的認知與事實之間的衝
突。很難跟上腳步，有時只想搗住耳朵、眼睛和嘴巴。每天我
睡覺時都在想，或許明天會發生讓我不那麼沮喪的事。我希望
整個世界都能和我一起醒過來。

2020年5月3日
17：18, 52°13′09, 2″N, 21°02′25, 8″E

　　二〇二〇年的五月初。一次性手套與口罩成了波蘭日常的一部分，也是垃圾景觀的一部分。今天正好是把書送編的前一天，我看到鳥類學家法蒂瑪・哈亞特利（Fatimy Hayatli）的照片。法蒂瑪在華沙拍下一個鳥巢，樹枝間黏著一個不織布口罩。鳥巢裡有隻白冠雞，肚子底下探出四隻雛鳥。這裡莫名的

Photo Credit @ Fatimy Hayatli

不只是口罩。一般來說，白冠雞會把水生植物堆成巢，並在上面放上乾菖蒲、蘆葦，裡頭鋪上柔軟的蔗草（*Scirpus*）。但是在每年都會清理的混凝土管道中，牠能銜走的只有長在岸邊的鍛樹（*Tilia*）枝。以塑膠屋頂代替蘆葦遮蔽物，植物堆則被木板取代。或許口罩就是柔軟的蔗草？在人類的世界裡，白冠雞就是這樣過活的。

*

病毒癱瘓了印度、阿拉巴馬州和托姆齊采（Tomczyce）鎮的日常。春季散步觀鳥、出遊及作者見面會都從我的日曆上消失了。這本書原本應該在二月底、三月初左右出版，後來延至四月。直接跳過五月，在六月時出版。就像首席衛生官雅羅斯拉夫・平卡斯（Jarosław Pinkas）一月底時肯定「這個病毒目前在中國，我們離中國很遠」，我不認為某個中國城市的問題，會在幾個月內變成全球的問題。人類的思想顯然還沒跟上全球化的腳步。

我過得還算舒適，每個日子都像奇怪的週日下午，伴著所有令人倦怠的結果。我住的街因長年塞車和廢氣讓人感覺昏

沉。但也不至於睡著，因為每五分鐘就有救護車閃著燈駛過。社會生活轉移到網路上，陰謀論像病毒一樣傳播。談美國神祕的生化武器理論，談病毒讓誰受益，是5G，是世界政府——一群不知名的專家正在揭開真相。我無力地看著朋友們分享的胡言亂語。網路真的是一個巨型、不分類的毒物垃圾桶。

　　據說大自然獲得了喘息，海龜回到印度洋的海灘，野豬回到了塔爾喬明鎮（Tarchomin）。現在還有誰在管垃圾的事？這個時候回收市場正經歷一場重大的危機。因為疫情爆發，法國大約有九成的工廠停擺[154]。德國的消費者停止將PET瓶拿到回收機進行回收[155]。由於收廢紙的據點關閉，英國紙箱稀缺[156]。在這非高消費的時期，塑膠產業的大公司請求美國政府發放十億的紓困金投資回收系統[157]。分類回收的成果下降，許多國家放寬垃圾分類的規定。除此之外，沙烏地阿拉伯與俄羅斯之間持續的貿易戰使原油價格下降。兩個國家都增加供給量的同時，需求卻在下降——幾乎所有航空活動都停止、物流放緩，甚至普通的汽車流量都下降。原油價格創下新低。便宜的原油也意味著便宜的初級原料，要是初級原料便宜，也沒有理由購買回收材料了。生產新的塑膠還比較便宜。

*

　　買東西時必須帶上一次性手套。我每天在家樓下都能找到好幾雙不同的手套。透明的聚乙烯手套。丁腈橡膠、乳膠、PVC，還有鬼知道是什麼的手套。白的、綠的、藍的。起風的日子裡，那些透明的塑膠手套在屋頂上高飛，在我觀候鳥的天上翱翔。白鸛已經出現在空中，接著是灰鶴（*Grus grus*）、成群的鸕鶿（*Phalacrocorax carbo*）、歐亞鵟（*Buteo buteo*），然而，天空中更常見的是那些不小心被丟在街上的超市手套。一陣風將之捲到上空，就這樣飄上好幾公里。

　　這個時期的垃圾是否會沉積成清晰的地質層？三月十二日，我讀到一則來自香港的消息，令人憂心：擁有七百萬人的行政區海灘上，隨處可見一次性口罩[158]。問題會越演越烈，因為當地幾乎四分之三的垃圾都會進到掩埋場。許多垃圾肯定會隨著地表水流入海洋。口罩可善於游泳了；可以輕易克服香港與無人的索罟群島（Soko Islands）之間的三十公里路。

　　疫情垃圾出現在海裡就是全世界的問題。居住於挪威特羅姆瑟（Tromsř）的考古學家斯坦・法斯塔沃爾（Stein Farstadvoll）在三月底時發現被沖上岸的消毒劑瓶。上面的

文字是挪威語，這瓶子肯定沒有漂流太久。一個月以後，斯坦找到了被海浪拍爛的一次性手套，以及來自挪威格蘭貝格（Granberg）公司的口罩。未來幾年之中，能在全世界的海岸邊找到這些漂了上百、甚至上千公里的垃圾。

　　三月中時，我在網路上找到了第一批波蘭疫情垃圾的照片。一個醫療用口罩在卡爾科諾斯基國家公園（Karkonoski Park Narodowy）裡喬伊尼克山（Chojnik）附近的草地上晒太陽。我當時沒想到，一個月後這會成為普遍且正常的景象。是誰把口罩丟在這裡，在登山徑之外？他染病了嗎？還是害怕自己被傳染？（那時還沒強制戴口罩）很遺憾，人在關照自己健康的同時，很少會留意別人的健康。丟棄衛生用品當然可能成為下一個感染源，反正有人會清理那些到處亂丟的口罩、手套和衛生紙。

＊

　　研究證實[159, 160]，病毒的活性取決於吸附物體的表面。SARS-CoV-2 在織品和處理過的木材上會迅速消失。在印刷物上能存活三個小時，於平滑的塑膠或鋼鐵表面存活幾日。在口罩的內

層甚至可以存活一週。與此同時，標準的消毒水也可輕易對抗病毒。不過，我們需要注意的是，研究都是在受控的實驗室裡進行的，他們的研究結果並不能自動轉化為日常商店、電車或教堂長椅上的語言。還有一點：病毒的足跡並不能表示它一定是能繁殖（傳播）的病原體。

全球的廢棄物產業都害怕員工染病，存在著「社區垃圾可能帶有病毒」的懷疑。要求員工進行隔離可能會延遲或無法收集廢棄物，在許多情況下，甚至會導致處理廠關閉。歐洲聯盟委員會（European Commission）表示[161]，沒有證據指出廢棄物是病毒傳播的關鍵。不過，建議採取防禦措施：個人防護用品（手套、口罩）、消毒和保持社交距離。英國就規定生病和隔離者要將垃圾裝在兩層袋子中，並在家放三天。不收任何花園垃圾或大型垃圾。從隔離者收來的垃圾必須焚燒掉。

波蘭的典型狀況就是出現輕微的混亂。垃圾處理公司三月時呼籲總理發布疫情方針。當時沒有任何關於收取感染者與隔離者垃圾的處理程序。幾週後，氣候部長和首席衛生官共同發布了指導方針，內容很模糊，沒有約束力。「建議在可能的情況下，分開收理廢棄物，放置九日後處理。」「建議」的意思就是不做的話也沒有人介意。處理家庭垃圾公司的義務是「在

可能的情況下提供特定顏色和／或標有特定字符的袋子（例如，字母C）」。

　　實際上每個人都以自己的方式進行，扎維爾切（Zawiercie）提供了帶有紅色COVID-19字樣的垃圾桶[162]。沒人想到，這是對病人汙名化。居民很快就確認了那名被隔離的感染者（一名醫生）。另外，馬佐夫舍地區維索凱縣（wysokomazowiecki）縣長博格丹・澤林斯基（Bogdan Zieliński）提議，以明顯的方式標記冠狀病毒感染者的地址[163]，他以公共利益為由採取中世紀的作法。幸好沒有人採納這個主意。波蘭各地都有攻擊、騷擾醫療人員的消息傳出。人們害怕的時候就是這麼沒人性。

　　我也有傳聞中的第一手消息。我認識一名感染冠狀病毒的醫生，因為她強烈懷疑自己的檢測結果會是陽性（她曾治療過感染者），所以沒有等到檢測結果出來，就進行自我隔離。八天後檢測結果出爐。她從那時起開始為時兩週的強制隔離。她一個人住，警察主要來查看她是否在家裡，是否還活著。有時候一天來了好幾次，沒有帶來食物或是收走垃圾。兩週的隔離後，因還未被衛生機關證實無傳染性，衛生人員穿得像天線寶寶一樣——只是沒那麼好玩——尷尬地挨家挨戶敲門詢問，X女士是否住在這裡。外星訪客自然是引起了鄰居的不安。在兩

次檢測陰性、被關在家將近一個月後，她解除隔離，才終於能丟掉那些積在陽臺上的垃圾。

*

　　疫情期間，我們產生的垃圾比較少，內容物也不同了。在不可預測的恐懼與經濟不景氣之下，人們減少購買不必要的東西。在恐慌、搶購衛生紙、米或酵母之後，消費者的注意力反而集中在必需品上面，購物大幅轉移到網路上。過度的包裝一如往常令我感到憤怒。小東西被保護得像是玻璃鋼琴一樣。理髮刀、縫紉機、家用啞鈴的銷售量上升。我們自然不會把錢花在旅遊上，Booking.com、波蘭國鐵和Uber的使用者都大幅下降。服飾的銷量也降低。

　　一次性用品卻大增奪冠。星巴克從三月初就不提供使用自己的杯子裝咖啡。類似的還有英國的第一大西鐵路（Great Western Railway）的火車服務和多數（也許是所有？）以外帶形式販售的商家。這些都以員工安全為由進行。說客們活了起來，包裝公司聲稱塑膠包裝更安全。一次性餐具的生產商們耳朵全豎了起來。歐盟委員的桌上出現了一封來自歐洲塑膠加工

產業（European Plastics Converters）的信[164]，呼籲延後一次性用品的禁令。只是，一次性用品畢竟也不代表無菌。

　　美國新罕布夏州可謹慎了，以可重複使用的袋子可能攜帶病毒為由禁用。塑膠產業早前就已嗅到血腥味。塑膠產業協會（Plastics Industry Association）寫給衛生局的信裡[165]就寫道：「禁止一次性塑膠會增加公共安全的風險。」他們以二〇一一年的研究結果佐證，細菌存在可重複使用的袋子上。這項研究[166]由美國化學理事會（American Chemistry Council）（由化學和石油產業公司組成）委託執行。我先前提到的研究指出：病毒在棉袋上消失的速度比在塑膠袋上還快。

　　我們都聽說，眼前的世界正在改變，疫情可能會對我們的日常產生長遠的影響；影響生活方式，也影響旅行的可能性。我們現在已經以瞇起眼睛取代口罩下的微笑；像是有著看不見的光環彼此排斥，擦肩而過。像是磁鐵的兩個磁極。存在著一種風險：病毒成為方便的替代話題與藉口，來延遲推行基本的改變。例如：減少使用化石燃料。病毒可能是不願緊縮和不願增加社會控制的託辭。而事實上，我們不知道未來究竟會如何。

致謝

書中包含在《雙週誌》專欄上「十九枚彈藥」的新版本。與敵敵畏、塑膠袋、一次性用品、氣球、天燈、環狀捕魚器具、吸管有關的許多想法、文字、有時是句子，都包含在我的文章〈垃圾問題〉（Śmieć Numeru）中。感謝主編Zofia Król的耐心和鼓勵。沒有《雙週誌》就沒有《垃圾之書》。

在這本書不同階段幫助我的人有：

Michał Łukawski

Marta Krawczyk

Marta Sapała

以及Piotr Barczak, Mirosław Baściuk, Piotr Bednarek, Wojciech Brzeziński教授, Jurek Cependa, Agnieszka Dąbrowska博

士, Wojciech Fabianowski教授暨工程師, Adam Fotek, Przemysław Gumułka, Fatimy Hayatli, Krzysztof Kolenda博士, Edyta Konik, Dominik Krupiński, Diana Lelonek, Jagna Lewandowska, Roman Miecznikowski, Aleksandra Niewczas, Grzegorz Pac博士, Michał Paczkowski博士, Włodzimierz Pessel博士, Igor Piotrowski博士, Matthieu Rama, Przemysław Stolarz, Piotr Tryjanowski教授, Robert Wawrzonek, Marta Wiśniewska, Karol Wójcik i Szymon Rytel, Zosia i Łukasz, Paweł Ponury Żukowski

和

Paweł Goźliński。

感謝華沙市清潔隊和BYŚ公司的Wojciech Byśkiniewicz讓我有機會一窺他們的工作。

也感謝陪伴於我生命中的：

D i M (+ F i M), 父母親, Wiktor, Max, Małgo i Boru, Marta i Szymon, Jot i Miły & Misia, Maciek.

原書註

1　S. Gibbens, "Plastic proliferates at the bottom of the world's deepest ocean trench", https://www.nationalgeographic.com/science/article/plastic-bag-mariana-trench-pollution-science-spd, 2020.02.18引用

2　K. Środa, "Nie mogłem zabrać wszystkich" [I couldn't take them all (in Polish)], *Dwutygodnik*, https://www.dwutygodnik.com/artykul/7998-nie-moglem-zabrac-wszystkich.html, 2020.02.22引用

3　Single-Use Plastic. A Roadmap for Sustainability, https://wedocs.unep.org/bitstream/handle/20.500.11822/25496/singleUsePlastic_sustainability.pdf, 2020.02.28引用

4　A. Vaughan, *Morrisons' paper bag switch is bad for global warming, say critics*, https://www.theguardian.com/business/2018/jun/25/morrisons-paper-bag-switch-is-bad-for-global-warming-say-environment-agency, 2020.02.28引用

5　Tesco says it WON'T be joining other supermarkets phasing out plastic bags for loose fruit and veg because paper ones have a LARGER carbon footprint, https://www.technologybreakingnews.com/2019/09/tesco-says-it-won-t-be-joining-other-supermarkets-phasing-out-plastic-bags-for-loose-fruit-and-veg-because-paper-ones-have-a-lar/, dostęp: 2020.02.20引用

6　C. Mitrus, A. Zbyryt, Wpływ polowań na ptaki i sposoby ograniczania ich negatywnego oddziaływania, "Ornis Polonica" 2015, nr 56, p. 309–327.

7　Przyrodniczo-ekonomiczna waloryzacja stawów rybnych w Polsce, K. A. Dobrowolski (red.), Warszawa 1995, p. 56.

8　Rozporządzenie Ministra Środowiska z dnia 28 grudnia 2009 r. w sprawie uprawnień do wykonywania polowania, http://prawo.sejm.gov.pl/isap.nsf/download.xsp/

WDU20100030019/O/D20100019.pdf.

9 P. Wylegała, Ł. Ławicki, Głowienka, czernica, cyraneczka, łyska – stan populacji w Polsce i wpływ gospodarki łowieckiej. Opinia na potrzeby Polskiego Komitetu Krajowego IUCN, Poznań 2019.

10 Obwody łowieckie. Analiza gatunku, https://niechzyja.pl/baza_wiedzy/dane-statystyczne-i-analizy/obwody-lowieckie-analiza-gatunku/, 2020.02.19引用

11 D. Wiehle, Śmiertelność ptaków w wyniku polowań na Stawach Zatorskich w obszarze Natura 2000 "Dolina Dolnej Skawy", "Chrońmy Przyrodę Ojczystą", 2016, nr 72 (2), p. 110.

12 Ł. Bińkowski, Skażenie ptaków wodnych ołowiem w Polsce. "Brać Łowiecka" 2011, nr 8.

13 R. Mateo, Lead Poisoning in Wild Birds in Europe and the Regulations Adopted by Different Countries, https://www.researchgate.net/publication/238734173, 2020.02.19 引用

14 M. A. Tranel, R. O. Kimmel, Impacts of lead ammunition on wildlife, the environment, and human health – a literature review and implications for Minnesota, https://science. peregrinefund.org/legacy-sites/conference-lead/PDF/0307%20Tranel.pdf, 2020.02.19 引用

15 Nonlead Ammunition in California, https://wildlife.ca.gov/hunting/nonlead-ammunition, 2020.02.19引用

16 Bińkowski et al., Histopathology of liver and kidneys of wild living Mallards Anas platyrhynchos and Coots Fulica atra with considerable concentrations of lead and cadmium, "Science of the Total Environment" 2013, vol. 450–451, p. 326–333, https://www.sciencedirect.com/science/article/pii/S0048969713001654?via%3Dihub, 2020.02.19引用

17 R. Mateo, op. cit.

18 Zestawienia danych sprawozdawczości łowieckiej 2019 rok, http://www.czempin.pzlow. pl/palio/html.wmedia?.

19 Wezwanie, https://www.pzlow.pl/attachments/article/463/wezwanie.pdf, 2020.02.19引用

20 Bird Life, The Killing, https://www.birdlife.org/wp-content/uploads/2022/05/The_Killing_01-28_low.pdf, 2020.02.19引用

21 CABS, *Firing numbers in bird hunting in Europe*, https://laczanasptaki.pl/wp-content/
    uploads/2018/11/CABS-Hunting-in-Euro-pe-2017.pdf, 2020.02.19引用

22 *Dyrektywa Parlamentu Europejskiego i Rady 2009/147/WE z dnia 30 listopada 2009 r.
    w sprawie ochrony dzikiego ptactwa*, https://eur-lex.europa.eu/legal-content/PL/TXT/
    PDF/?uri=CELEX:32009L0147&from=EN, 2020.02.19引用

23 R. Mateo et al., *Health and Environmental Risks from Lead-based Ammunition: Science
    Versus Socio-Politics*, ncbi.nlm.nih.gov/pmc/articles/PMC5161761/, 2020.02.19引用

24 *Wildlife and Human Health Risks from Lead-Based Ammunition in Europe. A Consensus
    Statement by Scientists*, http://www.zoo.cam.ac.uk/leadammuntionstatement/,
    2020.02.19引用

25 M. A. Riva, A. Lafranconi, M. I. D'Orso, G. Cesana, *Lead Poisoning: Historical
    Aspects of a Paradigmatic "Occupational and Environmental Disease"*, "Saf
    Health Work" 2012, nr 3(1), p. 11–16, https://www.ncbi.nlm.nih.gov/pmc/articles/
    PMC3430923/, 2020.02.19引用

26 M. O. Aneni, *Lead Poisoning in Ancient Rome*, https://www.researchgate.net/
    publication/325023100_Lead_Poisoning_in_Ancient_Rome, 2020.02.19引用

27 M. A. Tranel, R. O. Kimmel, op. cit.

28 Lead poisoning and health, https://www.who.int/en/news-room/fact-sheets/detail/lead-
    poisoning-and-health, 2020.02.19引用

29 CIC Workshop Report Sustainable Hunting Ammunition, red. N. Kanstrup, Aarhus
    2009, http://www.cic-wildlife.org/wp-content/uploads/2013/04/CIC_Sustainable_
    Hunting_Ammunition_Workshop_Report_low_res.pdf, 2020.02.19引用

30 Historyczne kopalnie – dzieło przyrody, sztuka człowieka, red. B. Furmanik, A.
    Wawrzyńczuk, K. Piotrowska, Warszawa 2016.

31 D. Adamczyk, Srebro i władza. Trybuty i handel dalekosiężny w kształtowanie się
    państwa piastowskiego i państw sąsiednich w latach 800-1100, przeł. A. Gadzała,
    Warszawa 2018.

32 S. Strasser, Waste and Want. A Social History of Trash, New York 2000, p. 71–72.

33 Ibidem, p.70-72.

34 Ibidem, p.26.

35 Ibidem, p.170-171.

36 K. Asheburg, *Historia brudu*, przeł. A. Górska, Warszawa 2009–2017, p,113.

37 Roland Marchand, *Advertising the American Dream: Making Way for Modernity, 1920–1940*, Berkeley, Los Angeles, London 1985, p. 157.

38 Ch. Frederick, *Naukowa Organizacja w Gospodarstwie Domowem*, przeł. M. Romanowa, Warszawa 1926, p. 36.

39 G. Esperdy, *Modernizing Main Street Architecture and Consumer Culture in the New Deal*, Chicago 2008, p. 156.

40 S. Strasser, op. cit. p.209-211.

41 Ibidem, p.233-259.

42 *Modern Plastics, Catalog Directory*, październik 1936, p. 110 za: Charlotte & Peter Fiell, *Plastic Dreams. Synthetic Visions in Design*, 2009.

43 R. Barthes, *Mitologie*, przeł. A. Dziadek, Warszawa 2008, p. 216.

44 B. Cosgrove, *Throwaway Living: When Tossing Out Everything Was All the Rage*, https://time.com/3879873/throwaway-living-when-tossing-it-all-was-all-the-rage/.

45 J. J. Kolstad, E. T. H. Vink, B. De Wilde, L. Debeer, *Assessment of anaerobic degradation of Ingeo polylactides under accelerated landfill conditions, Polymer Degradation and Stability*, 2012, vol. 97, nr 7, p. 1131–1141, https://www.sciencedirect.com/science/article/pii/S0141391012001413?via%3Dihub, 2020.02.19引用

46 M. Zafeiridou, N. S. Hopkinson, N. Voulvoulis, *Cigarette Smoking: An Assessment of Tobacco's Global Environmental Footprint Across Its Entire Supply Chain, Environmental Science & Technology* 2018, *52* (15), https://pubs.acs.org/doi/10.1021/acs.est.8b01533, 2020.02.19引用

47 *2019 Report*, https://oceanconservancy.org/wpcontent/uploads/2019/09/Final-2019-ICC-Report.pdf, 2020.02.19引用

48 *Facts about Cigarette Butts and Smoke*, https://uhs.berkeley.edu/tobaccofacts, 2020.02.19引用

49 M. Kaplan, *City birds use cigarette butts to smoke out parasites*, https://www.nature.com/articles/nature.2012.11952, 2020.02.19引用

50 M. Suárez-Rodríguez, C. Macías Garcia, *There is no such a thing as a free cigarette; lining nests with discarded butts brings short-term benefits, but causes toxic damage*, "Journal of Evolutionary Biology" 2014, https://onlinelibrary.wiley.com/doi/full/10.1111/jeb.12531, 2020.02.19引用

51 L. Lebreton, B. Slat, F. Ferrari, *Evidence that the Great Pacific Garbage Patch is*

rapidly accumulating plastic. "Scientific Reports" 2018, nr 8, https://doi.org/10.1038/s41598-018-22939-w, 2020.02.24引用

52　C. Schmidt, T. Krauth, S. Wagner, *Export of Plastic Debris by Rivers into the Sea*, "Environment Science&Technology" 2017, vol. 51, issue 21, https://doi.org/10.1021/acs.est.7b023868, 2020.02.20引用

53　J. Kröll, *Millionen Plastikteilchen der "MSC Zoe" angespült – wie konnte das nur passieren?* https://www.stern.de/panorama/weltgeschehen/millionen-plastikteilchen-an-straenden--wie-war-der--msc-zoe--unfall-nur-moeglich-8614088.html, 2020.02.20引用

54　D. Hohn, *The great escape: the bath toys that swam the Pacific*, https://www.theguardian.com/environment/2012/feb/12/great-escape-bath-toys-pacific, 2020.02.20引用

55　*The Big Interview: Professor Richard Thompson*, https://www.plymouth.ac.uk/alumni-friends/invenite/issue-2/the-big-interview-professor-richard-thompson, 2020.02.20引用

56　T. Gouin et al., *A thermodynamic approach for assessing the environmental exposure of chemicals absorbed to microplastic*, "Science and Technology" 2011, vol. 45, issue 4 https://pubs.acs.org/doi/10.1021/es1032025, 2020.02.20引用

57　A. A. Koelmans, E. Besseling, W. J. Shim, *Nanoplastics in the Aquatic Environment. Critical Review*, w: *Marine Anthropogenic Litter*, red. M. Bergmann, L. Gutow, M. Klages, Cham 2015, https://doi.org/10.1007/9783-319-16510-3

58　S. C. Votier, K. Archibald, G. Morgan, L. Morgan, *The use of plastic debris as nesting material by a colonial seabird and associated entanglement mortality*, "Marine Pollution Bulletin" 2011, vol. 62, p. 168–172, https://doi.org/10.1016/j.marpolbul.2010.11.009, 2020.02.20引用

59　S. Osborne, *Dead whale washes up on Indonesian beach with over 1,000 pieces of plastic in its stomach*, https://www.independent.co.uk/news/world/asia/dead-whale-plastic-stomachindonesia-ocean-beach-kapota-usland-wakatobi-national-park-a8642731.html, 2020.02.20引用

60　Plastic Particles in Fulmar Stomachs in the North Sea, https://oap.ospar.org/en/osparassessments/intermediate-assessment-2017/pressures-human-activities/marine-litter/plastic-particles-fulmar-stomachs-north-sea/, 2020.02.20引用

61　World Economic Forum, *The New Plastics Economy: Rethinking the Future of Plastics*, http://www3.weforum.org/docs/WEF_The_New_Plastics_Economy.pdf, 2020.02.23引

用

62 *Fishing for Litter Scotland: Final Report 2014-2017*, https://www.fishingforlitter.org.
uk/assets/file/FFLS%202014%20-17%20Final%20Report.pdf, 2020.02.20引用

63 5 Gyres Institute, *Why the Ocean Clean Up Project Won't Save Our Seas*, http://www.
planetexperts.com/why-the-ocean-clean-up-project-wont-save-our-seas/, 2020.02.20引
用

64 Heinrich Böll Stiftung(November 2019), *Plastic Atlas: Facts and Figures about the
world of synthetic polymers*, 2019, https://www.boell.de/sites/default/files/2019-11/
Plastic%20Atlas%202019.pdf, 2020.02.20引用

65 PlasticsEurope, *Plastics– the Facts 2019. An analysis of European plastics production,
demand and waste data*, https://www.plasticseurope.org/en/resources/publications/1804-
plastics-facts-2019, 2020.02.23引用

66 *Larwy, które przetwarzają odpady, np. Styropian*, https://kopalniawiedzy.pl/macznik-
mlynarek-chrzaszcz-larwa-styropian-polistyren-odpadyMagdalena-Bozek-Radoslaw-
Rutkowski,26188, 2020.02.24引用

67 Скандал в ОАО "Алтайхимпром", https://www.amic.ru/photo/1269/, 2020.02.24引用

68 *Attention Deficit/Hyperactivity Disorder and Urinary Metabolics of Organophosphate
Pesticides*, https://pediatrics.aappublications.org/content/pediatrics/125/6/e1270.full-
text.pdf, 2020.02.24引用

69 AW, *Ponad 320 kg śmieci na jednego mieszkańca. Co się z nimi dzieje? Zobacz raport
GUS*, https://www.portalsamorzadowy.pl/gospodarka-komunalna/ponad-320-kg-
smieci-na-jednegomieszkanca-co-sie-z-nimi-dzieje-zobacz-raport-gus,135161.html,
2020.02.23引用

70 Eurostat, *Municipal Waste Statistics*, https://ec.europa.eu/eurostat/statisticsexplained/
index.php/Municipal_waste_statistics#Municipal_waste_generation, 2020.02.23引用

71 J. Pinkser, *Americans Are Weirdly Obsessed with Paper Towels*, https://www.theatlantic.
com/family/archive/2018/12/paper-towels-us-use-consume/577672/, 2020.02.23引用

72 Art. 17. Hierarchia sposobów postępowania z odpadami, https:// www.arslege.pl/
hierarchia-sposobow-postepowania-z-odpadami/k1010/a67390/, 2020.02.24引用

73 Conversio Market & Strategy GmbH, *Global Plastics Flow 2018*, https://www.carboliq.
com/pdf/19_conversio_global_plastics_flow_2018_summary.pdf, 2020.02.23引用

74 D. Jones, *Criminal 'trash mafia' gangs burn Tesco bags and M&S packaging that were*

sent for recycling in Britain 1,600 miles away on a rubbish tip in Poland, https://www.dailymail.co.uk/news/article-6024951/British-recycled-waste-dumped-toxic-Polish-tip.html, 2020.02.24引用

75　BBC Reality check team, *Why some countries are shipping back plastic waste*, https://www.bbc.co.uk/news/world-48444874, 2020.02.24引用

76　J. Dell, *157,000 Shipping Containers of U.S. Plastic Waste Exported to Countries with Poor Waste Management in 2018*, https://www.plasticpollutioncoalition.org/blog/2019/3/6/157000-shippingcontainers-of-us-plastic-waste-exported-to-countries-with-poor-waste-management-in-2018, 2020.02.24引用

77　G. Dyjak, *W 2020 r. gminy muszą osiągnąć 50-proc. poziom recyklingu odpadów, w 2035 aż 65-proc.*, https://www.portalsamorzadowy.pl/gospodarka-komunalna/w-2020-r-gminy-musza-osiagnac-50-proc-poziom-recyklingu-odpadow-w-2035-az-65-proc,130639.html, 2020.02.23引用

78　V. Makarenko, *Tajne służby kapitalizmu*, Kraków, 2008.

79　J. Reilly, *Ballad of A.J. Weberman*, video recording, 1969, https://mediaburn.org/video/ballad-of-a-j-weberman-2/, 2020.03.09引用

80　T. Szaky, *Outsmart Waste: The Modern Idea of Garbage and How to Think Our Way Out of It*, San Francisco 2014.

81　M. Krawczyk, "Popieram recyckling– segreguję odpady", Warsaw, p.21.

82　R. Geyer, J. Jambeck, K. L. Law, *Production, use and fate of all plastics ever made*, https://www.researchgate.net/publication/318567844_Production_use_and_fate_of_all_plastics_ever_made, 2020.02.24引用

83　Ch. Nicastro, *Sweden's recycling (d)evolution*, https://zerowasteeurope.eu/2017/06/swedens-recycling-devolution/, 2020.02.24引用

84　European Commission, *The Environmental Implementation Review 2019. Country Report Denmark,* https://ec.europa.eu/environment/eir/pdf/report_dk_en.pdf, 2020.02.24引用

85　Danish Environment Ministry, I/S Norfors, Affaldsforbrænding: Meddelelse af vilkår ved påbud, https://mst.dk/service/annoncering/annoncearkiv/2019/jul/is-norfors-affaldsforbraending/, 2020.02.23引用

86　A. Arkenbout, *Hidden emissions: A story from the Netherlands Case Study*, Zero Waste Europe, 2018, https://zerowasteeurope.eu/wp-content/uploads/2018/11/NetherlandsCS-

FNL.pdf, 2020.02.24引用

87 L. Roman, B. D. Hardesty, M. A. Hindell et al, *A quantitative analysis linking seabird mortality and marine debris ingestion, "Scientific Reports"*, 2019, nr 9, https://doi.org/10.1038/s41598-018-36585-9, 2020.02.24引用

88 Shs/aw, *German police investigate three suspects after Krefeld zoo fire*, https://www.dw.com/en/german-police-investigate-three-suspects-after-krefeld-zoo-fire/a-51859899, 2020.02.24引用

89 D. T. Gwynne, D. C. F. Rentz, *Beetles on the Bottle: Male Buprestids Mistake Stubbies for Females (Coleoptera)*, "Journal of the Australian Entomological Society", 1983, vol 22.

90 Mazine et al., *Disposable Containers as Larval Habitats for Aedes aegypti in a City with Regular Refuse Collection: A Study in Marilia, Silo Paulo State, Brazil*, "ActaTropica" 1996, no 62.

91 M. Michlewicz, P. Tryanowski, *Anthropogenic Waste Products as Preferred Nest Sites for Myrmica rubra (L.) (Hymenoptera, Formicidae)*, "Journal of Hymenoptera Research" 2017, no 57, pp. 103-114.

92 Z.A. Jagiello et al., *Factors determining the occurrence of anthropogenic materials in nests of the white stork Ciconia ciconia*, "Environmental Science and Pollution Research" 2018.

93 F. Sergio et al., *Raptor Nest Decorations are a Reliable Threat Against Conspecifics,* "Science" 2011, no 331, https://doi.org/10.1126/science.1199422, 2020.02.24引用

94 L. Kisup et al., *Plastic Marine Debris used as Nesting Materials of the Endangered Species Black-Faced Spoonbill Platalea minor Decreases by Conservation Activities*, "Journal of the Korean Society for Marine Environment and Energy" 2015, no 18, pp. 45-49, https://doi.org/10.7846/JKOSMEE.2015.18.1.45, 2020.02.24引用

95 M. Antczak et al., *A New Material for Old Solutions – the Case of Plastic String Used in Great Grey Shrike nests*, "Acta Ethologica" 2010, no 13.

96 Ibidem.

97 Kulesza et al., *Nabici w butelkę*, "Biologia w Szkole" 2017, pp.43-45.

98 Kolenda et al., *Zaśmiecanie środowiska jako śmiertelne zagrożenie dla drobnej fauny*, "Przegląd Przyrodniczy", vol. XXVI no 2 (2015), pp. 5362.

99 A Ślązak, *Nabici w butelkę: śmieci wpływają na bioróżnorodność lasów*, https://

naukawpolsce.pap.pl/aktualnosci/news%2C30451%2Cnabici-w-butelke-smieci-wplywaja-na-bioroznorodnosc-lasow.html, 2020.02.20引用

100 UJ, *Sarna z plastikową butelkę na głowie błąkała się po wrocławskim lesie*, http://wroclaw.wyborcza.pl/wroclaw/7,35771,24697225,sarna-z-plastikowa-butelka-na-glowie-blaka-sie-po-wroclawskim.html, 2020.02.20引用

101 P. A. Morris, J. F. Harper, *The occurrence of small mammals in discarded bottles*, "Journal of Zoology" 1965, vol 145, issue 1, https://doi.org/10.1111/j.1469-7998.1965.tb02010.x.

102 J. J. W. Skłodowski, W. Podściański, *Zagrożenie mezofauny powodowane zaśmieceniem środowiska szlaków turystycznych Tatr*, "Parki Narodowe i Rezerwaty Przyrody", 2004, no 23.

103 Ibidem.

104 Kolenda et al., *Survey of Discarded Bottles as an Effective Method in Detection of Small Mammal Diversity*, "Polish Journal of Ecology" 2018, no 66, pp.57-63, https://doi.org/1 0.3161/15052249PJE2018.66.1.006

105 Arrizabalaga et al., "Small Mammals in Discarded Bottles: A New World Record", *Galemys*, 2016, no 28, pp63-65, https://doi.org/10.7325/Galemys.2016.N4.

106 Press Association, *Old Technology: NHS uses 10% of world's pagers at annual cost of £6.6 million*, https://theguardian.com/society/2017/sep/09/old-technology-nhs-uses-10-of-worlds-pagers-at-annual-cost-of-66m, 2020.02.24引用

107 *A New Circular Vision for Electronics Time for a Global Reboot*, http://www3.weforum.org/docs/WEF_A_New_Circular_Vision_for_Electronics.pdf, 2020.02.24引用

108 C. P. Baldé et al., *The Global E-Waste Monitor 2017*, https://www.itu.int/en/ITU-D/Climate-Change/Pages/Global-E-Waste-Monitor-2017.aspx, 2020.02.23引用

109 GSMA, *The Mobile Economy 2018*, https://www.gsma.com/asia-pacific/resources/the-mobile-economy-report-2018/, 2020.02.24引用

110 *Number of Smartphones sold to end users worldwide from 2007 to 2021*, https://www.statista.com/statistics/263437/global-smartphone-sales-to-end-users-since-2007/, 2020.02.24引用

111 B. Merchant, *Everything That's Inside Your iPhone*, https://www.vice.com/en_us/article/433wyq/everything-thats-inside-your-iphone, 2020.02.24引用

112 C. W. Schmidt, *Unfair Trade: e-Waste in Africa*, "Environmental Health Perspectives"

2006, issue 114(4), https://www.ncbi.nlm.nih.gov/pmc/articles/PMC1440802, 2020.02.24引用

113 P. Beaumont, *Rotten eggs: e-waste from Europe poisons Ghana's food chain*, https://theguardian.com/global-development/2019/apr/24/rotten-chicken-eggs-e-waste-from-europe-poisons-ghana-food-chain-agbogbloshie-accra, 2020.02.24引用

114 *A New Circular Vision for Electronics – Time for a Global Reboot*, op. cit., http://www3.weforum.org/docs/WEF_A_New_Circular_Vision_for_Electronics.pdf, 2020.03.09引用

115 Basel Action Network, *Holes in the Circular Economy: WEEE Leakage from Europe*, http://wiki.ban.org/images/f/f4/Holes_in_the_Circular_Economy-_WEEE_Leakage_from_Europe.pdf, 2020.02.24引用

116 V. Vaute, *Recycling is Not the Answer to the E-Waste Crisis*, https://www.forbes.com/sites/vianneyvaute/2018/10/29/recycling-is-not-the-answer-to-the-e-waste-crisis/#186f135f7381, 2020.02.22引用

117 Rreuse, *Activity Report 2017*, 2018, p11.

118 Ibidem, p.3.

119 *Livermore's Centennial Light Live*, http://centennialbulb.org/cam.htm, 2020.02.24引用

120 Merzbau是生殖器狀的大型雕塑，最初版本由希維特斯在家創作。雕塑上充滿被稱爲「洞穴」的凹槽，藝術家將屬於朋友的物品放入其中，有些東西也與著名歷史人物有所關聯。洞穴中有尿瓶、頭髮、照片、個人物品。作品一直在進化，希維特斯被納粹政權認爲是墮落的藝術家，被迫離開德國，他重做了Merzbau兩次。

121 H. Richter, *Dada: Art and Anti-Art*, Warszawa 1986.

122 N. Pope, *How Arman Opened the Door for Assemblage Art*, https://www.artspace.com/magazine/art_101/close_look/close_look_arman-51788, 2020.02.23引用

123 L. Pereira, *An Art Exhibition Mistaken for Garbage Ends up in the Trash*, https://www.widewalls.ch/art-exhibition-mistaken-for-garbage/, 2020.02.24引用

124 M. Vanden Eynde, *Plastic Reef*, http://www.maartenvandeneynde.com/?rd_project=183&lang=en, 2020.02.24引用

125 R. Nuwer, *Future Fossils: Plastic Stone*, https://www.nytimes.com/2014/06/10/science/earth/future-fossils-plastic-stone.html?_r=0, 2020.02.22引用

126 K. Jazvac, https://kellyjazvac.com/CV, 2020.02.24引用

127　K. Johnson, *Swimming to Shore*, https://www.nytimes.com/2012/11/16/arts/design/gabriel-orozco-asterisms-at-the-guggenheim.html, 2020.02.24引用

128　S. Laville, M. Taylor, *A million bottles a minute: world's plastic binge, as dangerous as climate change*, https://www.theguardian.com/environment/2017/jun/28/a-million-a-minute-worlds-plastic-bottle-binge-as-dangerous-as-climate-change, 2020.02.24引用

129　Wody Polskie, *Stop suszy! Kampania społeczna*, https://youtu.be/8D5f12dfbZQ, 2020.02.24引用

130　S. Kraśnicki, *Wpływ na wody podziemne i powierzchniowe projektowanej kopalni odkrywkowej węgla brunatnego eksploatującej złoże Złoczew*, http://eko.org.pl/odkrywki/mpe3.php, 2020.02.24引用

131　S. Kraśnicki, *Oddziaływanie projektowanej kopalni węgla kamiennego eksploatującej złoże Lublin na wody podziemne i powierzchniowe*, https://www.greenpeace.org/static/planet4-poland-stateless/2019/07/338b05c7-201906_s_krasnicki_analiza_z%C5%82o%C5%BCe_lublin.pdf, 2020.02.24引用

132　M. Grygoruk et al., *Analysis of selected possible impacts of potential E40 International Waterway development in Poland on hydrological and environmental conditions of neighbouring rivers and wetlands the section between Polish-Belarusian border and Vistula River*, http://www.ratujmyrzeki.pl/dokumenty/E40_raport_2019.pdf 2020.02.24引用

133　*Pesticide Concerns in Cotton*, http://www.pan-uk.org/cotton/, 2020.02.24引用

134　F. De Falco, E. Di Pace, M. Cocca, et al., *The contribution of washing processes of synthetic clothes to microplastic pollution*, 2019, no 9, https://doi.org/10.1038/s41598-019-43023-x, 020.02.24引用

135　Ellen MacArthur Foundation, *A new textiles economy: Redesigning fashion's future*, https://ellenmacarthurfoundation.org/a-new-textiles-economy, 2020.02.24引用

136　M. Fox, *Fran Lee, whose work led to pooper-scooper law, is dead at 99*, https://archive.nytimes.com/query.nytimes.com/gst/fullpage-940CE0DD143BF931A15751C0A9669D8B63.html, 2020.02.24引用

137　*Quand Jacques Chirac inventait la motocrotte*, https://www.pariszigzag.fr/secret/histoire-insolite-paris/quand-jacques-chirac-inventait-la-motocrotte, 2020.02.23引用

138　L. Ackland, *Don't waste your dog's poo – compost it*, https://theconversation.com/dont-waste-your-dogs-poo-compost-it-107603, 2020.02.24引用

139 S. Usborne, *A lesson in packaging myths: is shrink-wrap on a cucumber really mindless waste?*, https://www.independent.co.uk/life-style/food-and-drink/features/a-lesson-in-packaging-myths-is-shrink-wrap-on-a-cucumber-really-mindless-waste-8340812.html, 2020.02.24 引用

140 *The UK's Top Food Imports and Where They Come From*, https://www.glotechrepairs.co.uk/news/the-uks-top-food-imports-and-where-they-come-from/, 2020.02.24 引用

141 *Plastic Packaging and Food Waste – new perspectives on a dual sustainability crisis*, https://ieep.eu/publications/plastic-packaging-and-food-waste-new-perspectives-on-a-dual-sustainability-crisis, 2020.02.24 引用

142 J.-P. Schweitzer, C. Janssens, *Overpackaging. Briefing for the report: Unwrapped: How throwaway plastic is failing to solve Europe's food waste problem (and what we need to do instead)" in A Study by Zero Waste Europe and Friends of the Earth Europe for the Rethink Plastic Alliance*, Institute for European Environmental Policy (IEEP), Brussels, https://ieep.eu/uploads/articles/attachments/c3cd1e91-a67e-417b-8bded97edcf10bdd/Over%20packaging%20fact%20sheet%20%20Unwrapped%20Packaging%20and%20Food%20Waste%20IEEP%202018.pdf, 2020.02.23 引用

143 *Only 11 Years Left to Prevent Irreversible Damage from Climate Change, Speakers Warn During General Assembly High-Level Meeting*, https://www.un.org/press/en/2019/ga12131.doc.htm, 2020.02.24 引用

144 S. Clayton, C. M. Manning, K. Krygsman, M. Speiser, *Mental Health and our Changing Climate: Impacts, Implications, and Guidance,* Washington, D.C.: American Psychological Association, and eco-America, https://www.apa.org/news/press/releases/2017/03/mental-health-climate.pdf, 2020.02.22 引用

145 A. Grose, *How the climate emergency could lead to a mental health crisis*, https://www.theguardian.com/commentisfree/2019/aug/13/climate-crisis-mental-health-environmental-anguish, 2020.02.24 引用

146 Special Eurobarometer, *Climate Change*, https://ec.europa.eu/clima/sites/clima/files/support/docs/pl_climate_2019_en.pdf, 2020.02.24 引用

147 V. Knight, *'Climate Grief': Fears About the Planet's Future Weigh On Americans' Mental Health*, https://khn.org/news/climate-grief-fears-about-the-planets-future-weigh-on-americans-mental-health/, 2020.02.24 引用

148 E. Thelen, *'Eco-shaming' is on the rise, but does it work?*, https://www.weforum.org/

agenda/2019/07/eco-shaming-is-rising-but-does-it-work/, 2020.02.24引用

149 A. Konieczna, A. Rutkowska, D. Rachón, *Health Risks of Exposure to Bisphenol A (BPA)*, Rocznik Państwowego Zakładu Higieny, 2015, 66 (11) pp.5-11, https://www.ncbi.nlm.nih.gov/pubmed/25813067, 2020.02.24引用

150 *Polska droga do gospodarki o obiegu zamkniętym: Opis sytuacji i rekomendacje*, http://www.portalsamorzadowy.pl/pliki-download/97853.html, 2020.02.24引用.

151 F. Falchi et al., *The New World Atlas of Artificial Night Sky Brightness*, "Science Advances" 2016, vol 2, no 6, https://advances.sciencemag.org/content/2/6/e1600377, 2020.02.24引用

152 *Confused Sea Turtles go to Italian Restauran,* https://www.telegraph.co.uk/news/earth/earthnews/3349881/Confused-sea-turtles-go-to-Italian-restaurant.html, 2020.02.24引用

153 T. Le Tallec, *What is the ecological impact of light pollution?* , https://www.encyclopedie-environnement.org/en/life/what-is-the-ecological-impact-of-light-pollution, 2020.02.24引用

154 M. Chauvot, *Coronavirus: la collecte des déchets s'adapte au confinement*, https://www.lesechos.fr/industrie-services/energie-environnement/coronavirus-la-collecte-des-dechets-sadapte-au-confinement-1187344, 2020.05.06引用

155 *European Plastics Recycling Markets React to Coronavirus*, https://www.recyclingtoday.com/article/icis-assement-of-conoravirus-impacts-european-platics-recycling/, 2020.05.06引用

156 R. Smithers, *Coronavirus: UK faces cardboard shortage due to crisis*, https://www.theguardian.com/environment/2020/mar/31/uk-faces-cardboard-shortage-due-to-coronavirus-crisis, 2020.05.06引用

157 RECOVER Coalition Letter, https://www.documentcloud.org/documents/6877535-RECOVER-Coalition-Letter.html, 2020.05.06引用

158 Reuters, *Discarded coronavirus masks clutter Hong Kong's beaches, trail*, https://news.trust.org/item/20200312052301-62ydm/, 2020.05.06引用

159 S. McCarthy, *Coronavirus can stay on face masks for up to a week, study finds*, https://www.scmp.com/news/china/science/article/3078511/coronavirus-can-remain-face-masks-week-study-finds, 2020.05.06引用

160 *Aerosol and Surface Stability of SARS-CoV-2 as Compared with SARS-CoV-1*, "New England Journal of Medicine" 2020, vol 382:1564-1567, https://www.nejm.org/doi/

full/10.1056/NEJMc2004973, 2020.05.06引用

161 *Waste management in the context of the coronavirus crisis*, http://ec.europa.eu/info/ sites/info/files/waste_management_guidance_dg-env.pdf, 2020.05.06引用

162 M. Bednarek, *W Zawierciu afera. Pod domami ustawiono kosze na śmieci z napisem "COVID-19"*, https://katowice.wyborcza.pl/katowice/7,35063,25908557,pod-domami-ustawili-kosze-na-smieci-z-napisem-covid-19-wybuchla.html, 2020.05.06引用

163 Kk/ełKa/pm/ks, *Sugerował oznaczenia na domach osób zakażonych koronawirusem. Starosta: byłem tylko przekaźnikeim*, https://tvn24.pl/bialystok/wysokie-mazowieckie-starosta-bogdan-zielinski-proponuje-oznaczanie-domow-osob-zakazonych-koronawirusem-4559094, 2020.05.06引用

164 European Plastics Converters, *Open Letter*, https://fd0ea2e2-fecf-4f82-8b1b9e5e1ebec6a0.filesusr.com/ugd/2eb778_9d8ec284e39b4c7d84e774f0da14f2e8.pdf, 2020.05.06引用

165 Plastic Industry Association, https://www.politico.com/states/f/?id=00000171-0d87-d270-a773-6fdfcc4d0000, 2020.05.06引用

166 J. Calma, *Plastic Bags are making a comeback because of COVID-19*, https://www.theverge.com/2020/4/2/21204094/plastic-bag-ban-reusable-grocery-coronavirus-covid-19, 2020.05.06引用

FOR2 61

垃圾之書

面對人類將被廢棄物所廢棄的事實與行動

Książka o śmieciach

作者　　　史坦尼斯瓦夫‧盧賓斯基（Stanisław Łubieński）
譯者　　　鄭凱庭
責任編輯　江灝
封面設計　簡廷昇
內頁排版　李秀菊

出版　　　英屬蓋曼群島商網路與書股份有限公司臺灣分公司
發行　　　大塊文化出版股份有限公司
　　　　　臺北市105022南京東路四段25號11樓
　　　　　www.locuspublishing.com
　　　　　TEL: (02)8712-3898　　FAX: (02)8712-3897
　　　　　讀者服務專線：0800-006689
　　　　　郵撥帳號：18955675　　戶名：大塊文化出版股份有限公司
　　　　　法律顧問：董安丹律師、顧慕堯律師
　　　　　版權所有　翻印必究

總經銷　　大和書報圖書股份有限公司
　　　　　新北市24890新莊區五工五路2號
　　　　　TEL: (02)8990-2588　FAX: (02)2290-1658
製版　　　中原造像股份有限公司

初版一刷：2023年1月
定價：新臺幣450元
ISBN：978-626-7063-27-9

Printed in Taiwan

國家圖書館出版品預行編目（CIP）資料

垃圾之書：面對人類將被廢棄物所廢棄的事實與行動／史坦尼斯瓦夫‧
盧賓斯基（Stanisław Łubieński）作；鄭凱庭譯. -- 初版. -- 臺北市：英屬蓋
曼群島商網路與書股份有限公司臺灣分公司出版：大塊文化出版股份有
限公司發行, 2023.01

288面；14.8×20公分. --（For2；61）

譯自：Książka o śmieciach

ISBN 978-626-7063-27-9（平裝）

1. CST：廢棄物　2. CST：廢棄物處理　3. CST：環境保護　4. CST：文集

445.907　　　　　　　　　　　　　　　　　　　　　111019955

BOOK INSTITUTE

©POLAND

This publication has been supported by the © POLAND Translation Program
本書獲波蘭圖書協會翻譯補助出版